U0334216

水中的"冷血"漫步者鱼

主编◎王子安

Animal

汕头大学出版社

图书在版编目（CIP）数据

　　水中的"冷血"漫步者——鱼 / 王子安主编. -- 汕
头 : 汕头大学出版社，2012.5（2024.1重印）
　　ISBN 978-7-5658-0814-2

　　Ⅰ．①水… Ⅱ．①王… Ⅲ．①鱼类－普及读物 Ⅳ.
①Q959.4-49

　　中国版本图书馆CIP数据核字(2012)第097727号

水中的"冷血"漫步者——鱼　SHUIZHONG DE "LENGXUE" MANBUZHE——YU

主　　编：王子安
责任编辑：胡开祥
责任技编：黄东生
封面设计：君阅书装
出版发行：汕头大学出版社
　　　　　广东省汕头市汕头大学内　邮编：515063
电　　话：0754-82904613
印　　刷：唐山楠萍印务有限公司
开　　本：710 mm×1000 mm　1/16
印　　张：12
字　　数：64千字
版　　次：2012年5月第1版
印　　次：2024年1月第2次印刷
定　　价：55.00元
ISBN 978-7-5658-0814-2

前　言

　　这是一部揭示奥秘、展现多彩世界的知识书籍，是一部面向广大青少年的科普读物。这里有几十亿年的生物奇观，有浩淼无垠的太空探索，有引人遐想的史前文明，有绚烂至极的鲜花王国，有动人心魄的考古发现，有令人难解的海底宝藏，有金戈铁马的兵家猎秘，有绚丽多彩的文化奇观，有源远流长的中医百科，有侏罗纪时代的霸者演变，有神秘莫测的天外来客，有千姿百态的动植物猎手，有关乎人生的健康秘籍等，涉足多个领域，勾勒出了趣味横生的"趣味百科"。当人类漫步在既充满生机活力又诡谲神秘的地球时，面对浩瀚的奇观，无穷的变化，惨烈的动荡，或惊诧，或敬畏，或高歌，或搏击，或求索……无数的探寻、奋斗、征战，带来了无数的胜利和失败。生与死，血与火，悲与欢的洗礼，启迪着人类的成长，壮美着人生的绚丽，更使人类艰难执着地走上了无穷无尽的生存、发展、探索之路。仰头苍天的无垠宇宙之谜，俯首脚下的神奇地球之谜，伴随周围的密集生物之谜，令年轻的人类迷茫、感叹、崇拜、思索，力图走出无为，揭示本原，找出那奥秘的钥匙，打开那万象之谜。

　　鱼类是最古老的脊椎动物。它们几乎栖居于地球上所有的水生环境——从淡水的湖泊、河流到咸水的大海和大洋。鱼相伴人类走过了五千多年历程，与人类结下了不解之缘，成为人类日常生活中极为重要的食品与观赏宠物。

　　《水中的"冷血"漫步者——鱼》一书全书分为四章，第一章介绍的是鱼的相关知识，如鱼的进化历史和形态结构等；第二章主要就海水鱼、淡水鱼和宠物鱼进行分类解析；第三章就鱼的食用和药用价值进行阐述；从远古狩猎、采集时代开始，鱼一直与人类生活密切相关。在长期的历史发展中，人类赋予鱼以丰厚的文化内涵，形成了一个独特的文化门类——鱼文化，因此第四章叙述的是有关鱼的各种文化。本书集知识性与趣味性于一体，是鱼类爱好者的最佳读物。

　　此外，本书为了迎合广大青少年读者的阅读兴趣，还配有相应的图文解说与介绍，再加上简约、独具一格的版式设计，以及多元素色彩的内容编排，使本书的内容更加生动化、更有吸引力，使本来生趣盎然的知识内容变得更加新鲜亮丽，从而提高了读者在阅读时的感官效果。

　　由于时间仓促，水平有限，错误和疏漏之处在所难免，敬请读者提出宝贵意见。

2012年5月

目录 CONTENTS

第四章　鱼文化

第一章 漫话鱼之谜

鱼，水虫也。象形。本义是一种水生脊椎动物。春秋时代，越国大臣范蠡辞官经商养鱼致富，并著有"陶朱公养鱼经"，述说养殖鲤鱼的方法，这是中国第一本有关鲤鱼饲养的著作，距今已有2400年的历史。唐朝时，因为鲤与皇姓同音而遭禁，逐渐由草鱼、青鱼等其他鱼类暂时取代，唐代之后又逐渐恢复养殖盛况。到了1600年前的晋朝，崔豹所著的《古今注》鱼虫篇中进一步提到鲤鱼的品种有赤骥、青马、玄驹、白骧、黄雉等五种，表明当时养殖的鲤鱼就已经有红、青、黑、白、黄五色。不过当时鲤鱼仍然只是作为高级食材用。18世纪，瑞典博物学家林奈（1707—1778年）创立了现代分类学，他在《自然系统》一书中，将动物界分为哺乳、鸟、两栖、鱼、昆虫及蠕虫等6纲。1859年，英国生物学家达尔文出版了《物种起源》一书，诞生了系统分类学。从此，鱼类的定义及包含范围也就确定了下来。

鱼的进化历史

研究古生物时，科学家通常以化石材料为根据，通过放射性同位素来测定岩石的绝对年龄，并划分成不同的地质年代。这些地质年代中保存下来的古生物，记录了当时的环境条件和生物信息，经过千万年的沉积形成化石，成为研究地质历史和生物进化史的根据。有关脊椎动物颌的发生与进化的研究，是从20世纪进行的胚胎学研究开始的，它揭示了进化中的一个重要过程——颌的出现，由此说明动物的某个新的重要特征的出现可以使一个类群的生活领域扩大到以往不能生活的地区。此后，鱼类得到了迅速扩展，成为今日最普遍的游泳生物类群。

3

鱼类的化石并不十分丰富，但它们依然能够展示出古往今来各种鱼类发生、发展的过程。最早的鱼类化石沉积在寒武纪和奥陶纪的岩石里，距今已有4亿年的历史。通过对岩石的研究，人们知

● 鱼化石

道这种鱼类最早生活在咸水环境里，或者说是生活在海洋中，它们的身体外面披有铠甲一样坚硬的外骨骼，浑身布满了硬甲，具有扁平的前背甲。由于它们没有颌，所以被称为无颌类。无颌类被称为最古老的鱼类，因为穿了甲胄，它们不能过游泳生活，只能生活在水底沉积物中。也可以说，它们是一群不会游泳的鱼类。大量完整的无颌类化石是在泥盆纪找到的，泥盆纪可算是鱼类初生时代，中生代的诛罗纪和白垩纪是鱼类中兴时代，新生时代各种古今鱼类共存于海洋和地球上的其他水域，鱼类家庭达到全盛。无颌类的鱼骨骼没有被保存下来，所以科学家们推测它们具有软骨骼，就像现在我们见到的鲨鱼和鳐鱼等软骨鱼类一样。

在无颌鱼类的基础上，最早的有颌鱼类也发展了。原始有颌类也称作盾皮鱼，它们在泥盆纪盛极一时，但到泥盆纪末已大部分灭绝了。一般认为，软骨鱼类和硬骨鱼类都是由盾皮鱼演化来的，它们分别朝不同的方向发展，但尚未找到十分可靠的证据来证明这个推论。一些盾皮鱼仍具有扁平的身体，像它们的祖先一样。但是大多数都变成流线型，甲胄也减少了，这

4

种变化使它们获得了很强的游泳能力。软骨鱼类也脱去了沉重的甲胄(但仍有背板的痕迹)，发展出更加强劲有力的适于游泳的肌肉组织。有些科学家认为，软骨鱼类是"原始"鱼类，但它们是否真正地比硬骨鱼原始，还有待证实。

硬骨鱼最初生活在淡水里，后来逐渐向海洋伸展，终于成为海洋鱼类的优势类群。在进化过程中，它们产生了内部硬骨骼，把僵硬的甲胄变成了薄薄的鳞片，从而使动作敏捷灵活，提高了运动速度。

硬骨鱼有两个类群，其中辐鳍鱼类在数量和种类上都大大超过另一种鱼——内鼻孔鱼类。内鼻孔鱼类包括一些形态和构造都很特殊的原始种类，它们具有内鼻孔构造，可以把嘴闭上而并不影响呼吸。内鼻孔鱼类今天能见到的只有肺鱼和矛尾鱼。矛尾鱼隶属空棘目腔棘纲。它被誉为活化石，在1938年以前一直被科学家们认为是已经灭绝了的种类。第一尾矛尾鱼是1938年被一名渔民在非洲东南海岸捕到的，这一发现轰动了全世界。以后又陆续捕到矛尾鱼，由此证实这一古老鱼类仍生活在现代的海洋里。腔棘鱼的重要特征是，鳍成叶状，具有肌肉，并有相连的辐棘，从而使一些鱼可以在陆地上爬行。它们与两栖类有密切的亲缘关系，人们认为两栖类就是由它们演化而来的。

鱼纲的主要特征

鱼类终生生活在海水或淡水中，大都具有适于游泳的体形和鳍，用鳃呼吸，以上下颌捕食。出现了能跳动的心脏，分为一心房和一心室。血液循环为单循环。脊椎和头部的出现，使鱼纲发展进化成最能适应水中生活的一类脊椎动物。这是因为水有深浅之分，各处所承受的压力有差异，海平面为1个大气压，而

深海区可达1000个大气压。淡水和海水盐的含量幅度从淡水到咸水是0.001%~7%。此外，由于地理环境的不同，水温差和含氧量的差别也很大。由于这些水域、水层、水质及水里的生物因子和非生物因子等水环境的多样性，故鱼类的体态结构为适应外界环境而产生了不同

● 海马

的变化。

　　由于生活习性和栖息环境的不同，鱼类被分化成各种不同的体型。大致有纺锤形、侧扁型、平扁型、棍棒型四种。此外，还有一些鱼类为了适应特殊的生活环境和生活方式，而呈现出了特殊的体型，例如海马、海龙、翻车鱼、河鲀、比目鱼、箱鱼等。无论哪一种体型的鱼，均包括头、躯干和尾三部分。无颈为鱼的重要特点，头和躯干相互联结固定不动是鱼类和陆生脊椎动物的区别之一，它们的分界线是鳃盖的后缘（硬骨鱼类）或最后一对鳃裂（软骨鱼类）。鱼的躯干和尾部一般以肛门后缘或臀鳍的起点为分界线，准确地讲，是以体腔末端或最前一枚尾椎椎体为界。

　　鱼类的皮肤由表皮和真皮组成。

● 翻车鱼

7

表皮甚薄，由数层上皮细胞和生发层组成，表皮中富有单细胞的粘液腺，能不断分泌粘滑的液体，使体

● 比目鱼

表形成粘液层，润滑和保护鱼体。如减少皮肤的摩擦阻力、提高运动能力和清除附着在鱼体上的细菌和污物。同时，使体表滑溜易逃脱敌害。所以，表皮对鱼类的生活及生存都有着重要意义。表皮下是真皮层，内部除分布有丰富的血管、神经、皮肤感受器和结缔组织外，真皮深层和鳞片中还有色素细胞、光彩细胞，以及脂肪细胞。色素细胞有黑、黄、红三种，黑色素细胞和黄色素细胞存在于普遍鱼类的皮肤中，红色素细胞多见于热带奇异的鱼类局部皮肤中，光彩细胞中不含

8

色素而含鸟粪素的晶体，有强烈的反光性，使鱼类能显示出银白色闪光。有些鱼类生活在海洋深处或昏暗水层，它们具有另一种皮肤衍生物——发光器腺细胞，能分泌富含磷的物质，氧化后发荧光，以诱捕趋光性生物，或作同种和异性间的联系信号，如深海蛇鲻、龙头鱼和角鮟鱇中的一些种类。

　　鱼类的骨骼按性质分为软骨和硬骨两类。软骨鱼类终生保持软骨，软质中因有石灰质的沉淀物，又叫钙化软骨。硬骨鱼的骨骼主要为硬骨，按照形式不同又分为软化

● 蛇鲻

● 索罗丝龙头鱼

硬骨和骨膜两种：在软骨的原基上骨化形成的硬骨就是软化硬骨，如脊椎骨、耳骨、枕骨等；由真皮和结缔组织直接骨化形成的硬骨叫膜骨，如额骨、顶骨、鳃盖骨等。

　　鱼类的消化系统由消化道和消化腺组成，消化道已有胃肠的分化，还有明显的胰腺。鱼类由于终生生活在水中，故消化器官和食性都适应水中生活。鱼类的口位于上、下颌之间，口内无唾液腺，口咽腔内有真正的牙齿，能积极主动地摄取和捕食，较圆口纲更高级。板鳃鱼类颌骨上的牙齿由盾鳞转化而成，硬骨鱼的牙齿因着生部位不同而分为口腔齿和咽喉齿。一般以浮游生物为食的鱼类牙齿细弱而呈绒毛状排列成齿带，食肉。

鱼的形态结构

◎ 鱼的外部结构

鱼通常由尾柄的运动而向前行，鳍则为平衡器官。鼻孔通常只作嗅觉器官，不具呼吸作用。鱼皮由鳞保护，鳞能减少磨擦，保护柔软肌体免遭抹杀和寄生虫的侵袭，甚至还有遮阳作用。鱼嘴的位置和形状有助于辨别鱼的食性，及在水中生活栖息的深浅程度。

（1）鱼眼

鱼的眼睛

在头的两侧，无法双眼正视前方，因此，对距离的目测是不精确的。但鱼能清楚地辨别颜色，鱼眼必须透过调整形状固定的晶体位置来调焦，而人眼晶体的形状会自动调节。

（2）鱼嘴

口上位的鱼吃水面上的食物，口下

位的鱼从水底捕食较方便，嘴位于吻部顶端为口前位，表示此鱼食用中层水中的食物。

（3）鱼尾

尾鳍的形状对游泳有影响，尾鳍的颜色有助于辨别种类和提供伪装。圆尾和月尾上色彩鲜艳的图案有助于辩认鱼类，圆尾上的图案还能帮助区分鱼的性别。双尾只有装饰作用，不具其他功能。

（4）鱼鳍

鳍是游动及平衡的器官。胸鳍和腹鳍能防止头尾上下停动，稳定鱼体；背鳍保持鱼体侧立，对鱼体平衡起着关键作用，若失去，会失去平衡而侧翻；臀鳍协调其他各鳍，起平衡作用，若失去，身体轻微摇晃；鱼的尾鳍是最主要的推进器官，使其沉稳地向前移动。排列在脊柱两侧有对称的肌肉，一侧肌肉收缩，另一侧肌肉伸展，因此鱼体才得以顺利摆动，产生前进的动力。

（5）鱼鳞

鱼皮肤的典型标志是它们身上的鳞片。一般情况下，鳞片覆盖鱼的全身。这种骨质化的结构是由真皮演变而来的。有些鱼类身

11

骨骼是支持身体和保护体内器官的组织，它和动物体的运动也有密切关系。鱼的骨骼有内外之分，外骨骼包括鳞甲、鳍条和棘刺等；内骨骼通常是指埋在肌肉里的骨骼部分，包括头骨、脊柱和附肢骨骼。鱼的头骨由脑颅和咽颅两部分组成。硬骨鱼类(常见的淡水养殖鱼类均为硬骨鱼类)的脑颅由许多骨片所合成，其主要作用是保护脑；咽颅由一对颌弓、一对舌弓和五对鳃弓所组成，分别具有支持颌、舌和鳃的功能。

上鱼鳞不全，甚至有的根本就没有鳞片。鱼身上还有一种保护腺体——黏液腺，是从所谓的表皮里分泌出来的。这一层鱼体黏液，可减少水和皮肤的直接磨擦，免受外部的机械损伤，同时，能够防止鱼类不受寄生虫和病菌的侵袭。

12

◎ 鱼的内部结构

（1）骨骼

鱼的脊柱由体椎和尾椎两种脊椎骨组成，体椎附有肋骨，尾椎无肋骨着生，两者容易区别。每

个脊椎的椎体前后两面都是凹形的，故称之为双凹椎体，这是鱼类所特有。附肢骨骼是指支持鱼鳍的骨骼，支持背鳍、臀鳍和尾鳍的骨骼是不成对的奇鳍骨骼；支持胸鳍和腹鳍的骨骼为成对的偶鳍骨骼。鱼类的偶鳍骨没有和脊柱联接，与其他陆生脊椎相比，这又是一个特别之处。

（2）肌肉

鱼类的摄食、逃避敌害、繁殖等等一系列的生命活动，都要依靠其肌肉的规律性收缩所起的运动来完成。鱼类的躯干部和尾部的肌肉由许多肌节组成，肌节之间有隔膜连接而呈分节现象。体侧肌肉被一水平走向的肌隔分为两段，上段叫轴上肌，下段叫轴下肌。轴上肌分化出背鳍部分的肌肉。尾部肌节分化出尾鳍肌。轴下肌分化为腹部与胸、腹鳍等部肌肉。

（3）消化系统

消化系统包括消化道和消化腺。消化道的起端为口，经口腔、食道、胃、肠而终于肛门。口腔内有齿和鳃耙等构造。一般鱼类具有颌齿和咽齿两种，前者多起摄取食物的作用，后者则有压碎和咀嚼食物的功能。鳃耙着生在鳃弓内缘，它是咽部的滤食器官。草食性和杂食性的鱼类(如草鱼、鲤、鲫等)的鳃耙较疏短，吃浮游生物的鱼类(如鲢鱼、鳙鱼等)的鳃耙则密而长。鱼类没有明显的舌，紧接口腔

13

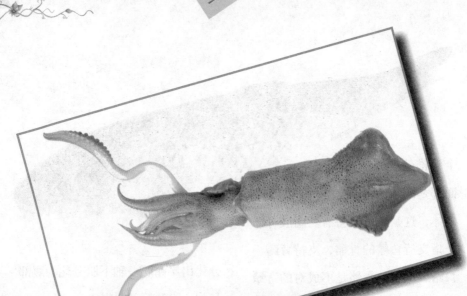

14

的一段为食道，一般短宽而壁厚，具有较强的扩张性，以利吞食比较大型的食物。胃在食道的后方，是消化道中最膨大的部分。鲤科鱼类通常没有明显的胃，其外表与食道并无多大差别，但鲇科鱼类等肉食性鱼类的胃却很发达，界线也很明显。胃后是肠，其长短因鱼的食性不同而有很大差别，偏于肉食性的鱼肠较短，偏于草食性和滤食浮游生物的鱼肠较长，杂食性鱼类的肠管适中。肠的末端由肛门开口通体外。

消化腺包括胃腺、肠腺、肝脏、胰腺和胆囊等。这些腺体能分泌各种消化液使食物消化。胃腺分泌的胃蛋白酶，肠腺分泌的肠蛋白酶和胰腺分泌的胰蛋白酶，均能消化各种蛋白质。肝脏和胰脏的分泌物含有较多的淀粉酶和脂肪酶，可分别把糖类和脂肪分解而被肠壁吸收。被消化后的食物残渣和不能消化的其他物质，则由肠的蠕动经肛门排出体外。

（4）呼吸器官

鱼类在从外界摄食获得营养维持其生命活动的过程中，必须有氧气供给才能维持其正常生理代谢。鱼类从水环境中吸取氧气，代谢活动所产生的废气(二氧化碳等)也是通过水体接触而排放出来。气

体交换的任务，主要靠鱼类的鳃来完成。

硬骨鱼类的鳃位于头的两侧，外有鳃盖覆盖。鱼鳃主要由鳃弓、鳃片和鳃耙组成。鳃弓是支持鳃片的骨骼。鳃耙有过滤食物的功用，它和呼吸作用并无直接关系。鳃片由许多鳃丝组成，后者又由很多鳃小片构成，其上密布着无数的毛细血管，呼吸时的气体就在这里进行交换。当水通过鳃

15

官分布着许多微血管，能进行气体交换，行使呼吸功能。例如，鳗鲡和鲇鱼都能用皮肤呼吸；泥鳅能用肠呼吸(把空气吞入肠中，在肠道内进行气体交换)；鳝鱼可以借助口咽腔表皮呼吸；乌鱼可以用咽喉部附生的气囊呼吸；埃及胡子鲇的鳃腔内也有树枝状的副呼吸器官等等。上述鱼类都可以在离水较长时间的情况下而不至于很快死亡。多数鱼类具有鳔。鳔呈薄囊形，位于体腔背方，一般为二室，里面充满气体。它是鱼体适应水中生活的比重调节器，可以借放气和吸气(但

丝时，鳃小片上的微血管通过本身的薄膜摄取水中的溶解氧，同时排出二氧化碳。鱼类不断地用口吸水，经过鳃丝从鳃孔排出，就是进行呼吸的过程。一旦鱼离开了水，鳃就会因失水而互相粘合或干燥，从而失去交换气体的功能，势必使鱼窒息死亡。

有些鱼类，除了用鳃呼吸以外，还可用身体的其他部分进行"气呼吸"，以辅助"水呼吸"的不足。这些用以辅助呼吸的器官，称为副呼吸器官。副呼吸器

无呼吸作用)，改变鱼体的比重，有助于上升或下降。但是鳔的这种调节作用，毕竟是一个较为缓慢的过程，如果鱼体需要快速升降，鳔的调节作用就无济于事了。

（5）血液循环

循环系统主要包括心脏、动脉、静脉等。鱼类的心脏位于最后一对鳃的后面下方，靠近头部，由一个心房和一个心室组成。血液由心室出，经过腹大动脉进入鳃动脉，深入鳃片中各毛细血管，其红血球在此吸收氧气，排出血液中的二氧化碳，使血液变得新鲜。此后，血流经出鳃动脉而归入背大动脉，再由许多

分支进入鱼体各部组织器官。然后转入静脉，再汇集到腹部的大静脉。静脉血液经过肾脏时被滤去废物，流经肝脏后重新进入心脏循环。

（6）排泄器官

鱼类的排泄器官主要是肾脏，位于腹腔的背部，呈紫红色。肾脏可分为前、中、后三部分。肾

17

脏后部延伸出输尿管，左右输尿管在腹腔后部愈合，并突出一个不大的膀胱。总输尿管的末端与生殖输管相合，以一个尿殖孔开口或分开开口于肛门的后方。鱼的肾脏除了泌尿的功能以外，还可以调节体内的水分，使之保持恒定。另外，鱼鳃也有排泄作用，其主要排出物是氨、尿素等易扩散的氮化物和某些

盐分。

（7）生殖系统

多数鱼类为雌雄异体，生殖腺成对，即精巢或卵巢都是左右各一，由系膜悬挂在腹腔背壁上。绝大部分鱼类是体外受精的，即精子和卵子均由亲鱼产出后在水中结合受精。

鱼的相关保护

鱼类资源和其他生物资源一样，必须合理的开发利用才能发挥它的最高潜力，如果肆意滥捕，不加以保护，那么鱼类资源就会遭到破坏。因此，鱼类的保护问题越来越受到重视，政府也为此制定了一系列的相关保护措施。

19

（1）加强水域的调查研究与监测

了解鱼的种类组成与分布、生活习性，认定哪些是固有、稀有或濒临绝灭的鱼种，进而制定正确有效的保育措施与生态工法之施行原则，以及提供倡导教育的基础数据；建立种源保存、人工繁殖与族群复育的技术，有效保存生物种源，在必要时利用种苗放流的方式来加以复育；了解造成鱼类资源减损的原因，才能建议政府采取对症下药的策略；进行水域水文生态长期研究，以评估那些水域应被划入保护区的范围及保护管理办法，以及建立鱼资源永续利用之模式等。

育团体，落实民众认识本土水域生物，参与生物的保育行动；以研讨会及媒体文宣等报导与说明方式，加强各年龄层保育观念；倡导正确的保育观念，包括不抓、不养、不吃稀有物种等。

（2）推展倡导教育

培训生物分类及生态人才；建立生物与文献数据库与网络查询系统，加强生物多样性的生态保育与相关之环境教育；培训地区保

20

（3）规划水域保护区与保育机制

依据生态特殊性与脆弱性划定水域保护区，禁止任何人员或人为干扰仍是最简易有效的保育措

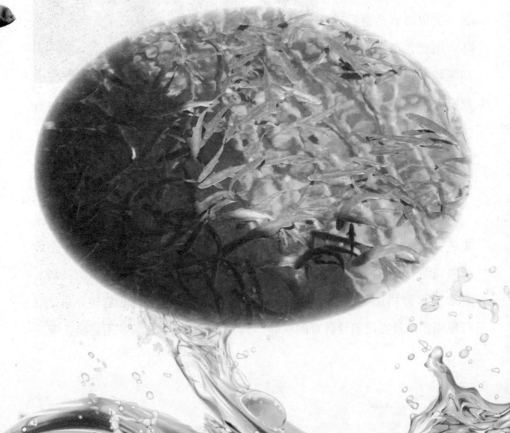

施。且水域生态系食物网关系复杂，不可能只保存一种鱼类而不受其它物种影响，因此惟有保护栖地，使整个生态系连同所有当地的生物含鱼类一齐保存下来才是根本之道。鼓励在地小区保域水域，强化在地小区的关心与共识，落实在地小区与溪流资源永续的目标。这也是"生物多样性保育"和过去以单一物种保存为主的"生态保育"基本上的差异，也才是未来正确保育的作法。此外河川栖地的复原及未来河川整治必需在维护水域生物多样性的生态工法，亦是目前复育鱼类亟待努力的方向。

（4）立法保护严格执行

域的保育，牵连陆域的开发与人为活动，其间牵涉的多种法律，如水土保持

法、渔业法、森林法、水污染防治
条例、水利法、环境影响评估法、
国家公园法、野生动物保育法等
等，如何修改法条或另行订定河川

集水区管理开发法，收事权之划
一，并使其合乎现代的多样性保育
观念，并确实执行法律，以使保育
工作能有所依据。

第二章　鱼的种类

鱼类是最古老的脊椎动物，它们几乎栖居于地球上所有的水生环境，从淡水的湖泊、河流到咸水的大海和大洋。地球上的鱼大约有20000多种，如何将它们分门别类，既是一个包含生物分类科学的严谨工作，又是一个引人入胜的话题。

　　现代分类学家给"鱼"下的定义是：终生生活在水里、用鳃呼吸、用鳍游泳的脊椎动物。鱼类包括圆口纲、软骨鱼纲和硬骨鱼纲等三大类群，它们终生生活在海洋里。圆口纲的动物无上下颌，故又称无颌类。其体裸露无鳞，呈鳗形，无偶鳍，鳃呈囊状。其骨骼全为软骨，无椎体，脊索终身存在，为一群小型或中型的鱼形动物，栖于淡水或海水中；软骨鱼纲是内骨骼全为软骨的鱼类，其骨骼多以钙化加固。有上下颌，体被盾鳞或光滑无鳞，或有棘刺；硬骨鱼纲是脊椎动物中种类最多的一个类群，其种类之繁多，数量之众观都是其它动物无可比拟的。这一章我们主要介绍一下海水鱼、淡水鱼和观赏鱼。

海水鱼

海水鱼主要是指产自热带地区的海鱼，它们色彩特别艳丽，形状奇特，是观赏鱼产业未来的发展方向。下面简单介绍下海水鱼的种类：

◎ 无颌鱼

无颌鱼是地球上出现最早的脊椎动物，无鳞、皮肤黏滑。它们虽然生活在海底世界，但游泳能力不是很强，主要依靠身体的扭动而不断前进。它们的嘴像吸盘一样，上面长着很多小牙。无颌鱼能够吸附在其他鱼身上，用牙齿锉下肉吃。多数无颌鱼在3亿年前就已经灭绝了，但有少数属种存活下来，就是盲鳗和七鳃鳗。

（1）盲鳗

盲鳗是一种没有颌的原始鱼类，全长近1米。它们一般在海面以下100米的水域生活，以小型甲壳类动物及多种鱼类的尸体为食。

它们的牙齿像一排排的梳子，能将肉从猎物身上刮下来。盲鳗和七鳃鳗有亲缘关系。但与七鳃鳗不同的是，盲鳗不会攻击活鱼。有时它们会钻进大鱼的尸体内将肉吃个精光，只剩下鱼骨。

（2）七鳃鳗

七鳃鳗包括海七鳃鳗和河七鳃鳗。海七鳃鳗是寄生鱼，靠吸食其他动物的血为生。它们都有尖尖的牙齿和一个吸盘，以此来把自己固定在猎物身上。海七鳃鳗可以在猎物身上待上几周，直到吸够了血，于是猎物常常会死去。海七鳃鳗生活在海里，但在淡水中繁殖。幼鱼靠滤食水中的食物颗粒生存，且需要在淡水中生活6年之久；河七鳃鳗与海七鳃鳗不同，河七鳃鳗一生都在淡水中度过。河七鳃鳗不会对其他鱼类构成威胁，因为成年的河七鳃鳗不吃东西。雌河七鳃鳗将卵产在沙砾或沙地上，卵变成幼鱼后，经过5年才能长成成年鱼。而成年的河七鳃鳗产卵后就会死去。

◎ 鲑 鱼

鲑鱼是深海鱼类的一种，共有300多个属种，主要分布在北部海洋及流入北部海洋的河流中。这类鱼多数是食肉动物。

鲑鱼是一种非常有名的溯河洄游鱼类，它在淡水环境下出生，到海水环境中生长，然后又回到淡水中繁殖。它们或者在水中追逐猎物，或者潜伏在水草中，等待鱼和其他动物靠近。成年鲑鱼体重可

达到15千克，全长近1.2米。它们通常

会到出生的河川去产卵。在洄游期间，有些鲑鱼的外表会发生很大的变化，例如粉色的鲑鱼会驼背，或长出一个驼峰来。

通过科学研究证明，鲑鱼早在一亿多年前就已经存在在这个地球上了。世界上真正的鲑鱼只有5种，其他所谓的鲑鱼实际上都是人们的习惯性叫法而已。这5种鲑鱼分别是：北极鲑——也叫北极红点鲑鱼；七彩鲑——也叫美洲红点鲑鱼；多丽鲑——也叫花膏红点鲑鱼；雷克鲑——也叫湖鲑、灰鳟鲑；牛头鲑——也叫红点鲑、三纹鲑。

27

◎ 虹鳟鱼

虹鳟鱼，鲑形目鲑科鲑属，又称瀑布鱼或七色鱼。原产于美国阿拉斯加地区的山川溪流中。1866

年始移殖到美国东部、日本、欧洲、大洋洲、南美洲、东亚地区养殖并增殖，已成为世界上养殖范围最广的名贵鱼类。

虹鳟体长形、吻园、鳞小。背部和头顶部有苍青色、蓝绿色、黄绿色或棕色。侧面呈银白色、白色、浅黄绿色或灰色。腹部为银白色、白色或灰白色。体侧沿侧线有一条宽而鲜艳的紫红色彩虹纹带，延伸至鱼尾鳍基部，因故而得名。虹鳟肉质鲜嫩，味美，无腥，无小骨刺，蛋白质和

脂肪含量高，胆固醇几乎等于零，IPA（不饱和脂肪酸）含量高于其他鱼类数倍以上，具有很好的药用及食用价值。

◎ 鲨 鱼

鲨鱼是海洋中的庞然大物，有"海中狼"的称号。鲨鱼食肉成性，凶猛异常，连"海中之王"鲸鱼见了它也得退避三舍。它那贪婪凶残的本性，给人们留下了可怕的形象。因此，一提起鲨鱼，人们往往会有谈虎色变之感。鲨鱼捕捉食

物比老虎更高出一筹，它们可充分利用自己独特的嗅觉，探测食物存在的方向和位置，而老虎只是用眼睛和鼻子寻找食物。鲨鱼一般只吃活食，有时也吃腐肉，食物以鱼类为主。

鲨鱼身体坚硬，肌肉发达，不同程度的呈纺锤形。口鼻部分因种类而异:有尖的，如灰鲭鲨和大白鲨；也有大而圆的，例如虎纹鲨和宽虎纹鲨的头呈扁平状。尾鳍垂直向上，大致呈新月形，大部分种类的尾鳍上部远远大于下部。

鲨鱼是最有名、最令人恐惧的软骨鱼。它们一直保持着史前动物的种种特征，如有软骨骼，在鄂

部的两边有许多鳃裂。鲨鱼口中有几排并列的呈锯齿状的牙齿，当外边的牙齿脱落后，里边的牙齿就会突出来。鲨鱼是海洋中有名的杀手，也是人类航海中的危险动物。不过，并非所有的鲨类都攻击人类。目前所知道的只有32种鲨鱼会对人类发起进攻。

29

◎ 大白鲨

大白鲨是分布最为广泛的鲨鱼之一，这是因为它有一种不寻常的能力，使它可以保持住高于环境温度的体温，而这让它在

"人物"。

大白鲨还以其好奇心而闻名。它经常从水中抬起它的头，并且更令在水中的人担心的是，它经常通过啃咬的方式去探索不熟悉的目标。许多鲨鱼生物学家认为大白鲨对人类的进攻是这种探索行为的结果，由于大白鲨令人难以置信的锋利牙齿和上下颚的力量，很可能会轻易地导致人的死亡。大白鲨造成了对人类

非常冷的海水里也可以适意地生存。虽然很难在大多数的沿海地区看到它，但渔船和潜水船经常会与它不期而遇。大白鲨所享有的盛名和威名举世无双。作为大型的海洋肉食动物之一，大白鲨有着独特冷艳的色泽、乌黑的眼睛、凶恶的牙齿和双颚，这不仅让它成为世界上最易于辨认的鲨鱼，也让它成为几十年来极具装饰性的封面

致命攻击的最大数字，特别是对冲浪者和潜水员的进攻。

目前，世界上大白鲨的数量正在减少，在许多地方已经开始对其进行保护。尽管如此，它们仍然是定期捕猎的牺牲品，并且黑市上已经兴起了与这些健壮动物的牙齿和上下颚有关的交易。

◎ 鲸 鲨

鲸鲨是鲸鲨科巨大而无害的鲨鱼，俗名豆腐鲨、大憨鲨，属于全球性洄游鱼种，为已知体型最大的海洋鱼类。在我国，鲸鲨主要分布于南海、台湾海峡、东海、黄海南部，国外分布于热带和温带海区。体灰色或褐色，下侧淡色，具明显黄或白色小斑点及窄横线纹。尽管体型大，但牙细小。鲸鲨的游动速度缓慢，常漂浮在水面上晒太阳。鲸鲨的移动和浮游生物的消长、珊瑚礁的产卵及水温的变化有极为密切的关联，在西太平洋地区，鲸鲨经常于黑潮流域被发现。鲸鲨和表层洄游性鱼群如鲭鱼群的出现有直接的关系，经由鲸鲨的胃内容物分析显示，鲸鲨以小鱼、虾及浮游生物为主食。

鲸鲨是最大的鲨，而不是鲸，它们用鳃呼吸，是鱼类中最大

者，通常体长在10米左右，最大个体体长达20米，体重10～15吨，为鱼类之冠。身体延长粗大，每侧各具二显著皮嵴。眼小，无瞬膜。口巨大上下颌具唇褶。齿细小而多，圆锥形。喷水孔小，位于眼后。

鳃孔5个，宽大。鳃耙角质，分成许多小枝、结成过滤港状。背鳍2个，第二背鳍与臀鳍相对。胸鳍宽大。尾鳍分叉。体灰褐或青褐色，具有许多黄色斑点和垂直横纹。

类。尽管成熟的鲸鲨有不少被渔获的记录，但却很少发现怀孕的个体，由此推测鲸鲨十分的晚熟，怀孕的机率很低。鲸鲨的肉可供食用，皮可制革，鳍加工成鱼翅，肝

32

鲸鲨是卵胎生的种类，曾有记录一尾怀孕的鲸鲨怀有超过300尾的胎仔，这可能是软骨鱼类中(鲨鱼及魟)每胎孕子数最高的种

提取鱼肝油，骨、内脏制鱼粉。鲸鲨体型巨大，并且以捕食较小型的动物为生。鲸鲨的生殖周期长，繁衍能力弱。通常都是受到保护的对

象。但到目前为止，鲸鲨并非中国保护动物。

世界自然保护联盟IUCN的受胁物种红色名录中，鲸鲨属于易危等级，已经踏入了受胁的门槛，中文维基百科收录了的处于IUCN红色名录易危等级的物种还有猎豹、白马鸡、白唇鹿、川金丝猴、鸳鸯、小天鹅、大鸨等人们熟悉的物种，这些物种大多属于国家一级或二级

保护动物，这说明，处于易危等级的鲸鲨的生存现状，也同样需要来自国家行政力量的保护，以避免该物种受胁状况的进一步恶化。此外，根据华盛顿公约网站的数据显示，鲸鲨属于公约附录II所列物种，公约约定附录II所列物种需要管制其国际贸易的交易情况以避免影响到其存续。在国家林业局网站可以看到华盛顿公约的中文译本，其中并未规定缔约国有义务控制附录载列物种的国

内贸易。

以上情况意味着，鲸鲨确实需要加以控制，但中国的相关法律在鲸鲨保护方面却是一个空白，对鲸鲨的捕捞、贩卖和消费完全处于行政力量监控的真空中。这很可能是由于以往缺乏对于鲸鲨的调查数据，鲸鲨被认为在中国海域没有分布，以至于立法者和行政主管部门都忽视了对这一物种的保护。

34

◎ 蓝鲨

蓝鲨，头窄而纵扁，尾基上下方各具一凹洼。吻长而呈抛物线状。眼大，圆形，眼眶后缘不具缺刻，瞬膜发达。前鼻瓣短而呈宽三角形，无口鼻沟或触须。唇沟短，通常仅局限于口角部位。口裂宽大，深弧形，口闭时下颌齿不明显露出。上颌齿宽扁三角形，外缘凹入，边缘具明显锯齿，齿尖稍外斜，无小齿尖。下颌齿较窄长而直立，边缘具锯齿。喷水孔缺如。背鳍2个，背鳍间无隆脊，第一背鳍中大，起点远在胸鳍基底之后，后缘凹入，上角钝尖，下角尖突；第二背鳍小，起点与臀鳍起点相对，后缘入凹，后角尖突；胸鳍狭长，后缘凹入，外角尖突，内角

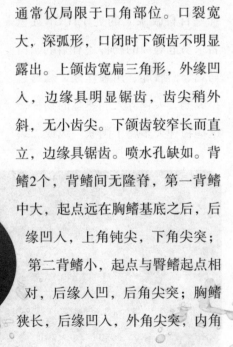

圆突，鳍端伸达第一背鳍基底后部；尾鳍窄长，尾椎轴上扬，下叶前部显著三角形突出，中部低平延长，与后部间有一深缺刻，后部小三角形突出，尾端尖突。体背侧深蓝色；腹侧白色；体无任何色斑。胸及臀鳍之鳍尖暗色。全长可达6

米,吻部较尖,牙有锯齿缘.鼻孔位于头部腹面口的前方，有的具有口鼻沟，连接在鼻口隔之间，嗅囊的褶皱增加了与外界环境的接触面积。

◎ 虎 鲨

虎鲨是鲨鱼家族中最凶猛残忍的食肉动物之一。虎鲨身体较粗，呈黄褐色，与其他鲨鱼相比，虎鲨的吻部非常短，它们比其他任何鲨鱼更容易袭击人类。虎鲨几乎能袭击和吃掉任何东西，如海龟、其他鲨鱼，还有捕龙虾的篮子或旧油桶。幼年时，虎鲨身上有条纹图案。但随着它们的成长，图案会逐渐消失。虎鲨居住在近海或远海，能直接产下幼鲨。虎鲨是卵胎生动物，据说当鱼卵孵化成仔鱼后，虎鲨就开始互相残食，一直拼杀到最后仅剩一条为止。

◎ 护士鲨

护士鲨躯体庞大，身体多呈褐色。但它们情怀比较温和，对人类没有生命威胁。护士鲨是肉食性鲨鱼，以无脊椎生物为食。与其他鲨鱼不同的是，护士鲨用吸食方式进食，吸力相当于12台吸尘器。其鼻孔前缘有一对会颤抖的鼻须，能够帮助它们侦测食物的位置，然后一鼓作气吸进猎物。这种鲨主要分布在西太平洋及印度洋附近的沿岸海域。

◎ 尖嘴鲨

尖嘴鲨的学名是以埃及光明女神——伊希斯来命名的。其腹部有许多发光器官，可以在黑暗中发出光亮。尖嘴鲨的牙齿非常锋利，它们常用牙齿从大型鱼类、鲸鱼、海豹、海豚身上咬下大块的肉来享用。

◎ 鳗 鱼

鳗鱼为鳗鲡科动物，身体似蛇，但无鳞，一般产于咸水与淡水交界的海域。全世界的鳗鱼主要生长于热带及温带地区水域，除了欧洲鳗及美洲鳗分布在大西洋外，其馀均分布在印度洋及太平洋区域。在中国，鳗鱼主要分布在长江、闽江、珠江流域、海南岛及江河湖泊中。

鳗鱼在全世界有18种，其中台湾有日本鳗、鲈鳗、西里伯斯鳗和短鳍鳗四科，但是只有日本鳗最多，其它三种都甚少见。它们在地球上都存活了几千万年，但我们对它们的了解也

只不过是最近的几十年。譬如1991年才发现鳗鱼的真正产卵场，它的性别很受环境因子和密度的控制，当密度高，食物不足时会变成公鱼，反之变成母鱼。在台湾河川中由于鳗鱼数量很少，所以大多是母鱼。

鳗鱼喜欢在清洁、无污染的水域栖身，是世界上最纯净的水中生物。主要在深海中产卵

繁殖，在淡水环境中成长。性情凶猛，贪食，好动，昼伏夜出，趋旋光性强，喜流水，好暖。鳗鱼苗不能用人工繁殖来培育，这主要是因为鳗鱼有很特别的生活史，很难在

37

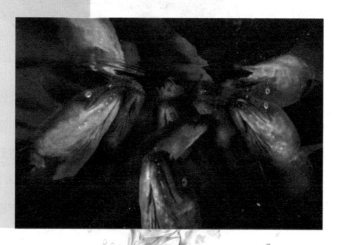

人为环境下来模拟。日本鳗鱼在淡水的河川里长大为成鳗，到了夏天就开始降海洄游，也就是由河川游到海洋去产卵，和鳟鱼、鲑鱼由海洋中游回河川去产卵的溯河洄游正好相反。它的产卵场远在几千千米以外介于菲律宾和马来西亚纳群岛中间的深海。科学家发现这个产卵场，主要是因为在这里曾采获过很多刚孵化的仔鱼。鳗鱼的仔鱼体长6厘米左右，体重0.1克，但它的头狭小，身体高、薄，又透明像片叶子一般，所以鳗鱼又称为"柳叶鱼"。它的体液几乎和海水一样，

所以可以很省力地随着洋流作长距离的漂送。从产卵场漂回黑潮海流再流回台湾的海边大概要半年之久，在抵达岸边前一个月才开始变态为身体细长透明的鳗线，又称为"玻璃鱼"。所以在每年12月至次年1月期间，渔民们会忙着在河口附近的海岸用手叉网来捕捞正要溯河的鳗线来卖给养殖户。养殖户在买回去放养后才慢慢有色泽出现，变成黄色的幼鳗和银色的成鳗。在自然条件下，可捕到的鳗鱼的最大个体为45厘米，体重1.6千克。成鳗生长快，外表圆碌碌，似圆椎形，色

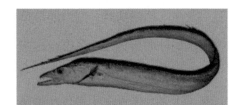

泽乌黑而令身，近年较多人工养殖，肉质爽脆。此鱼一年四季皆常见，但以夏冬两季最为肥美可口。鳗鱼营养丰富，味道鲜美，少刺多肉，并具有清凉解暑、滋补强身的作用。另有黄鳝，属合鳃科，亦属鱼类，亦似蛇，无鳞，腹色黄，故名黄鳝。黄鳝生于池塘泥窟，或淡水河岸边，离水难以生活，给人捕获时满身涎沫滑溻。黄鳝不止是一种肉质嫩滑、味鲜美的美食，而且自古以来已认识它的滋补和医疗作用。一般来说，同年龄的鳗鱼，雌鳗比雄鳗大，且体色也较淡。

◎ 带　鱼

带鱼又叫刀鱼、牙带鱼，是鱼纲鲈形目带鱼科动物，带鱼的体型正如其名，侧扁如带，呈银灰色，背鳍及胸鳍浅灰色，带有很细小的斑点，尾巴为黑色，带鱼头尖口大，到尾部逐渐变细，好像一根细鞭，头长为身高的2倍，全长1米

左右，1996年3月中旬浙江有一渔民曾捕到一条长2.1米、重7.8千克的特大个体，这条"带鱼王"后来被温岭市石塘镇小学的生物博物馆收藏。带鱼分布比较广，以西太平洋和印度洋最多，我国沿海各省均可见到，其中又以东海产量最高。

带鱼是一种比较凶猛的肉食性鱼类，牙齿发达且尖利，背鳍很长、胸鳍小，鳞片退化，它游动时不用鳍划水，而是通过摆动身躯来向前运动，行动十分自如。既可前进，也可以上下窜动，动作十分敏捷，经常捕食毛虾、乌贼及其他鱼类。带鱼食性很杂而且非常贪吃，有时会同类相残，渔民用钩钓带鱼时，经常见到这样的情景，钩上钓一条带鱼，这条带鱼的尾巴被另一条带鱼咬住，有时一条咬一条，一

提一大串。用网捕时，网内的带鱼常常被网外的带鱼咬住尾巴，这些没有入网的家伙因贪嘴最终也被渔民抓了上来。据说由于带鱼互相残杀和人类的捕捞，所以在带鱼中能见到寿命超过4岁的老带鱼，就算是见到寿星了。带鱼最多只能活到8岁左右，不过带鱼的贪吃也有一个优点，那就是生长的速度快，1龄鱼的平均身长18～19厘米，重90～110克，当年即可繁殖后代，2龄鱼可长到300克左右。

带鱼属于洄游性鱼类，有昼夜垂直移动的习惯，白天栖息于中、下水层，晚间上升到表层活动，我国沿海的带鱼可以分为南、北两大类，北方带鱼个体较南方带鱼大，它们在黄海南部越冬，春天游向渤海，形成春季鱼汛，秋天结群返回越冬地形成秋季鱼汛，南方带鱼每年沿东海西部边缘随季节不同作南北向移动，春季向北作生殖洄游，冬季向南作越冬洄游，故东海带鱼有春汛和冬汛之分。带鱼的

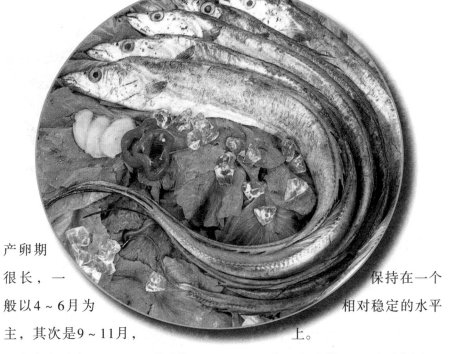

产卵期很长，一般以4~6月为主，其次是9~11月，一次产卵量在2.5~3.5万粒之间，产卵最适宜的水温为17℃~23℃。

带鱼是我国沿海产量最高的一种经济鱼类，70年代年产量一般在50万吨左右，90年代上升到110多万吨，后来产量不断下降，不过比大、小黄鱼要好一些，尚能形成鱼汛，近几年经过禁渔和开展保护渔业资源方面的宣传教育，比较好地控制了过度捕捞，使带鱼生产保持在一个相对稳定的水平上。

带鱼肉嫩体肥、味道鲜美，只有中间一条大骨，无其他细刺，食用方便，是人们比较喜欢食用的一种海洋鱼类，具有很高的营养价值，对病后体虚、产后乳汁不足和外伤出血等症具有一定的补益作用。中医认为它能和中开胃、暖胃补虚，还有润泽肌肤、美容的功效，不过患有疮、疥的人还是少食为宜。

◎ 鲈 鱼

鲈鱼体长而侧扁，一般体长为30～40厘米，体重400～800克，眼间微凹，其间有4条隆起线。口大，下颌长于上颌。嘴尖，牙细小，在两颌、犁骨及腭骨上排列成绒毛状牙带。前鳃盖骨后缘有细锯齿，隅角及下缘有钝棘。侧线完全与体背缘平行、体背有细小的栉鳞，皮层粗糙，鳞片不易脱落、体背侧为青灰色。腹侧为灰白色，体侧及背鳍鳍棘部散布着黑色斑点。随年龄增长，斑点逐渐不明显。背鳍2个稍分离。第一背鳍发达并有

12根硬棘。第二背鳍由13根鳍条组成，腹鳍位于胸鳍始点稍后方。第二背鳍基部浅黄色，胸鳍黄绿色，尾鳍叉形呈浅褐色。

鲈鱼主要分布于太平洋西部，是常见的经济鱼类之一，也是发展海水养殖的品种。在我国，鲈鱼的主要产地是青岛、石岛、秦皇岛及舟山群岛等地。渔期为春、秋两季，每年的10～11月份为盛渔期。鲈鱼喜欢栖息于河口咸水中，也能生活于淡水中。性凶猛，以鱼、虾为食。

鲈鱼肉质坚实洁白，

不仅营养价值高而且口味鲜美。鲈鱼因其体表肤色有差异而分白鲈和黑鲈。黑鲈的黑色斑点不明显，除腹部灰白色外，背侧为古铜色或暗棕色。白鲈鱼体色较白，两侧有不规则的黑点。

鲈鱼是出口品种，主要输出到日本、香港和澳门。其出口口岸有辽宁、河北、天津、山东、江苏、上海、浙江、福建。

◎ 鲱 鱼

鲱鱼又叫做青鱼，是体形侧扁的北方鱼类，是世界上数量较多的鱼类之一。鲱鱼一词常

指大西洋鲱和太平洋鲱，两者一度被认为是两个种，今认为只是亚种。鲱鱼头小，体呈流线形；色鲜艳，体侧银色闪光、背部深蓝金属色；成体长20～38厘米。以桡足类、翼足类和其他浮游甲壳动物以及鱼类的幼体为食。成大群游动，自身又被体型更大的掠食动物，如鳕鱼、鲑鱼和金枪鱼等所捕食。鲱鱼可用流网、围网类(主要是旋曳网或拖网捕捞。在欧洲，捕到的大部分鲱鱼或腌渍在桶内制成咸鱼，或用烟熏制成熏鱼，以供出售。在加拿大东部和美国东北部，供食用

的鲱鱼大部分是幼鱼，是在沿岸水域以鱼籪或围网捕捞并制成沙丁鱼罐头。在太平洋捕到的大量鲱鱼用以制造鱼油和鱼粉，小部分用以腌渍或烟熏。鲱鱼自12月至来年夏天产卵，产卵时间取决于纬度和温度。每条雌鱼可产40000枚黏性的卵，附着于海草或岩石上，约2周幼鱼孵出。鲱鱼游向近岸产卵，产卵后鱼群分散。大鲱鱼场每年的捕获量差异极大，因为幼鱼种群存活率每年不同。幼鱼约4年后成熟，寿命可达20年。

44

◎ 燕 鱼

燕鱼，又名神仙鱼、天使鱼。鱼体呈菱形，极侧扁，尾鳍后缘平直，背鳍、臀鳍鳍条向后延长，上下对称，似张开的帆。腹鳍特长，呈丝状。从侧面看像空中飞翔的燕子，故称其为燕鱼。

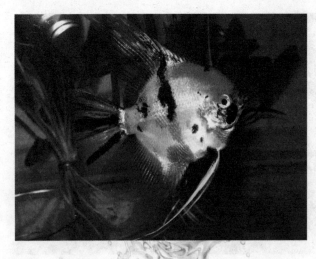

燕鱼原产于南美洲秘鲁境内的普卡尔帕，沿着乌卡亚利河往北，经亚马逊水域一路到巴西东部的亚马逊三角洲为止，在这范围将近5000千米

的范围内，都可以发现它们的踪迹。此外，在尼格罗河及其他支流亦发现它们的踪迹或存在其他地域品种。一般成鱼体长12～18厘米。

受水族爱好者欢迎的程度绝对是任何一种热带鱼都无可比拟的，似乎还没有发现一个饲养热带鱼多年的爱好者没有饲养过燕鱼的事例。燕

适合生存在24℃～27℃水温中，水质总硬度（gH）：3～6dGH，酸碱度（pH）：6.5～7.0左右。

燕鱼体态高雅、游姿优美，虽然它没有艳丽的色彩，但是，它

鱼几乎就是热带鱼的代名词，只要一提起热带鱼，人们往往第一联想就是这种在水草丛中悠然穿梭、美丽得清尘脱俗的鱼类。

燕鱼性格十分温和，对水质

46

也没有什么特殊要求，在弱酸性水质的环境中可以和绝大多数鱼类混合饲养。唯一要注意的是鲤科的虎皮鱼，这些调皮而活泼的小鱼经常喜欢啃咬燕鱼的臀鳍和尾鳍，虽然不是致命的攻击，但是为了保持燕鱼美丽的外形，还是尽量避免将燕鱼和它们一起混合饲养。

经过多年的人工改良和杂交繁殖，燕鱼有了许多新的种类，根据尾鳍的长短，可将燕鱼分为短尾、中长尾、长尾三大品系。而根据鱼体的斑纹、色彩变化又分成好多种类，在国内比较常见的有白燕鱼、黑燕鱼、灰燕鱼、云石燕鱼、半黑燕鱼、鸳鸯燕鱼、三色燕鱼、金头燕鱼、玻璃燕鱼、钻石燕鱼、熊猫燕鱼、红眼燕鱼等等，而最近在国外比较风行的埃及燕鱼在国内还不多见。

燕鱼的雌雄鉴别在幼鱼期

比较困难，但是在经过8～10个月进入性成熟期的成鱼，雌雄特性却十分明显，特征是：雄鱼的额头较雌鱼发达，显得饱满而高昂，腹部则不似雌鱼那么膨胀，而且雄鱼的输精管细而尖，雌鱼的产卵管则是粗而圆。由于燕鱼是属于喜欢自然配对的热带鱼类，配对成功的燕鱼往往会脱离群体而成双入对的一起游动、一起摄食，过着只羡鸳鸯不羡仙的独立生活。而喜欢从幼鱼阶段开始饲养的爱好者则最好同时选购6～10条，在其生长过程中即使发生意外，死亡几条或者有几条生长发育不良，那么，还有剩下的鱼体可以自行配对。

（即水质环境中矿物质含量较低而总硬度较低的水）。虽然，这种经过处理的水质对燕鱼繁殖孵化极有帮助，但是在这种水质环境中生长

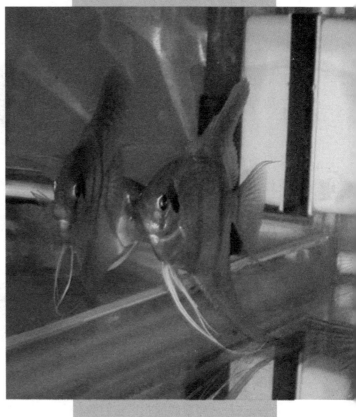

　　国内一些繁殖渔场在燕鱼繁殖的时期所采用的水一般是经过逆渗透法用阴阳离子处理过的软水

的幼鱼，经过长途运输又来到水族经销商高密度饲养而水质截然不同的贩卖缸中，期间的折腾使原本纤

弱的幼鱼更加容易得病、死亡。所以，不得不提醒那些初学的水族爱好者：不要急着去选购新到的鱼，让适应水质、脱离发病期的烦琐交给"技术高超"的水族 经销商去处理吧，过7～10天以后选购，那些鱼将会极其稳定地存活在您的水族箱中，而省却了您焦头烂额的处理麻烦。

大的水草叶面，也可能是水族箱玻璃的一角……在确定了环境安全后，雌、雄鱼会将产卵区域啄食干净，而后雌鱼开始产卵，而雄鱼在雌鱼产卵的同时进行受精。一般情况整个产卵过程将持续数小时，产卵数量视成鱼的大小，一般为400～1000不等。

燕鱼是卵生鱼类，繁殖却比较简单。仔细观察配对成功的双鱼，如果肛门附近开始突起，即输精管、产卵管开始下垂，这是产卵前的征兆，它们会在产卵前选择一片认为安全的区域，共同保卫领土，驱赶无意间闯入的其他鱼类。这片领土可能是一片宽

产卵结束后， 雌、雄鱼会共同守护鱼卵，轮流用胸鳍扇动水流确保受精卵有充足的水溶氧，当某些鱼卵因为未受精或被水霉菌

48

感染而发白、霉变时，它们会立即啄食，确保其他受精卵不受感染，整个维护过程是十分感人的。经过如此不吃不喝管理后的36小时，仔鱼开始孵化，却依然不会游动，依附于原地靠吸收自身的卵黄素渡过漫长的4～5天开始游离产卵点，摄食体形微小的水蚤为食。此间，雌、雄鱼依然胆战心惊、无微不至地呵护着它们。所以，为了给它们创造一个良好、安全的产卵环境，最好是在神仙鱼出现产卵前的征兆的时候就放入另一个做为繁殖用的水族箱中单独饲养，同时用气泵辅助提供充足的水溶氧，期间不易过强的照明灯光，也不易使它们过度受惊，过度受惊将会导致它们吞食所有已经产出的鱼卵。更不用投喂饵料，以免污染水质。尤其是活饵尤为注意。混合在水蚤中的一种剑水蚤可以穿透受精卵的外壁使鱼卵孵化率大大降低。

◎ 黄　鱼

黄鱼，有大小之分，又名黄花鱼。鱼头中有两颗坚硬的石头，叫鱼脑石，故又名"石首鱼"。大黄鱼又称大鲜、大黄花、桂花黄

鱼。小黄鱼又称小鲜、小黄花、小黄瓜鱼。大小黄鱼和带鱼一起被称为我国三大海产。夏季端午节前后是大黄鱼的主要汛期，清明至谷雨则是小黄鱼的主要汛期，此时的黄鱼身体肥美，鳞色金黄，发育达到顶点，最具食用价值。

黄鱼含有丰富的蛋白质、微

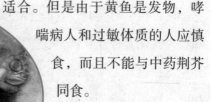

适合。但是由于黄鱼是发物，哮喘病人和过敏体质的人应慎食，而且不能与中药荆芥同食。

◎ 鲅鱼

鲅鱼属鲈形目鲅科，学名为蓝点马鲛。蓝点马鲛的俗称还有燕鱼、板鲅、竹鲛、尖头马加、青箭等。鲅鱼体长而侧扁，体色银亮，背具暗色条纹或黑蓝斑点，口大，嘴尖突，牙齿锋利，游泳迅速，性情凶猛，一般体长26~52厘米，大者可达1米以上、重20千克以上，分布于北太平洋西部，我国东黄渤海

50

量元素和维生素，对人体有很好的补益作用。对体质虚弱和中老年人来说，食用黄鱼会收到很好的食疗效果。黄鱼含有丰富的微量元素硒，能清除人体代谢产生的自由基，能延缓衰老，并对各种癌症有防治功效。中医认为，黄鱼有健脾升胃、安神止痢、益气填精之功效，对贫血、失眠、头晕、食欲不振及妇女产后体虚有良好疗效。小黄鱼一般人均宜于食用，对贫血、头晕及体虚者更加

均产之。鲅鱼属暖性上层鱼类，以中上层小鱼为食，夏秋季结群向近海洄游，一部分进入渤海产卵，秋汛常成群索饵于沿岸岛屿及岩礁附近，为北方海区经济鱼之一。

当今鲅鱼的主要渔场在舟山、连云港外海及山东南部沿海，4~6月为春汛，7~10月为秋汛，

里，翌日晨起，常有三四千尾，体重三四千克的被人收获。鲅鱼性凶悍，每年6~10月中旬常游弋于岸边浅水处追食，其流线的形体、极高的游速、锋利的牙齿，似猎豹追杀猎物，惊恐的小鱼四处逃窜，常有慌不择路而冲上岸边礁石"起排子"，惊现鲅鱼飞身捕食的壮观场

51

盛渔期在5~6月份。捕捞方法为流网、机轮中层拖网及钩钓等。在资源充沛的五六十年代，5~6月份的渤海湾是捕鲅鱼的好季节，太阳下山前下流网，网浮、标芒绵延十几

景。当值此时，垂钓者乐此不疲，礁石、舷边"甩鲅鱼"，盼上钩。鲅鱼体型较大，吃钩迅猛，钓感挺刺激，而成垂钓者的一大乐事。

鲅鱼居上层，游速快、喜活

食，其肉质细腻、味道鲜美、营养丰富，每百克鱼肉含蛋白质19克、脂肪2.5克。除鲜食外，还可加工制做罐头或咸干品。民间有"山有鹧鸪獐，海里马鲛鲳"的赞誉。大连人对鲅鱼食用颇有创意，有久负盛名的系列知名小吃，如鲅鱼丸子、鲅鱼烩饼子、红烧鲅鱼等，已成大连的名吃，外地游客慕名而来，以争相品尝为快。尤其是鲅鱼氽丸汤，更是四季皆宜、老少皆宜、中外皆宜、食客同赞的人间美食。与大连隔海相望的威海，同样也是吃鲅鱼的城市，鲅鱼饺子、鲅鱼包子、熏鲅鱼等等都是威海人创造的美食，慕名而来品尝的游客人数众多。此外，鲅鱼还具有提神和防衰老等食疗功能，常食对治疗贫血、早衰、营养不良、产后虚弱和神经衰弱等症会有一定辅助疗效。

◎ 金枪鱼

金枪鱼类属鲈形目鲭科，又叫鲔鱼，华人世界又称其"吞拿（鱼）"。金枪鱼是大洋暖水性洄

游鱼类，主要分布于低中纬度海区，在太平洋、大西洋、印度洋都有广泛的分布。同金枪鱼最相似的是鲣属鱼类，最简单的区分方法是鲣属腹部有4～6条黑色纵带，其他相近鱼种如舵鲣、狐鲣等有暗色纵带等。而金枪鱼类，鱼体无任何黑斑，或深色纵纹。体长形，粗壮而圆，呈流线形，向后渐细尖而尾基细长，尾鳍叉状或新月形。尾柄两侧有明显的棱脊，背、臀鳍后方各有一行小鳍。肩部有由扩大之鳞片组成的胸甲。另一特征是皮下有发

达的血管网，作为一种长途慢速游泳的体温调节装置。巨大的金枪鱼是蓝鳍金枪鱼，最大可长到约4.3米，重800千克。金枪鱼类一般背侧暗色，腹侧银白，通常有彩虹色闪光。

从商业观点看，最重要的金枪鱼种类有：鲣，世界性分布鱼类，腹部具纵条纹，体长约90厘米，重约23千克；蓝鳍金枪鱼，具黄色小鳍及银白色斑或带，是珍贵的游钓种类；长鳍金枪鱼，世界性鱼类，体重约达36千克，体侧具蓝

色闪光条纹；黄鳍金枪鱼，珍贵的食用鱼和游钓鱼，世界性分布，重约达182千克，特别是鳍黄色，体侧具金黄色条纹；大眼金枪鱼，体粗壮，眼大，世界性分布，长约2米，重136千克。

54

科学研究表明，大多数金枪鱼栖息在100~400米水深的海域，幼体的大眼金枪鱼和黄鳍金枪鱼以及鲣鱼都栖息在海洋的表层水域，一般不超过50米水深，而成体的大眼金枪鱼和黄鳍金枪鱼栖息水层比较深，大眼金枪鱼的栖息水层深于黄鳍金枪鱼。

金枪鱼的产卵期很长，产卵海域甚广，使得全年都有金枪鱼在各海域中产卵，加上旺盛

的繁殖力，全世界的食家才得以享受它的鲜美滋味。

◎ 香 鱼

香鱼属香鱼科，有些学者将其并入鲑科，俗称秋生鱼（辽东半岛）、海胎鱼（渤海西岸）、鲇鱼（日本）、年鱼、油香鱼、留香鱼、记月鱼。体淡黄或橄榄色，体细长，约30厘米，外貌颇似小鳟。其鉴别特征为舌有褶、背鳍帆形、牙排列于腭侧的锯齿缘板上。香鱼头小，吻尖，前端向下弯成钩形突起。口大，下颌两侧前端各有一突起，突起之间呈凹形，口关闭时，吻钩与此凹陷正相吻合。上下颌生有宽扁的细齿，前上颌骨、上颌骨

和舌上均有齿，口底有囊形粘膜皱褶。除头部外，全身密被极细小圆鳞。背鳍后方有一个小脂鳍，与臀鳍后端相对。身体背部青黑色，体侧面由上半部至下半部逐渐带黄色，腹部银白，各鳍皆为淡黄色，脂鳍周围微红色，胸鳍上方有一群黄色的斑点。

香鱼的寿命很短，仅有一年，故又称为"年鱼"。秋末在河川出生的幼鱼下海过冬，到春天开始溯上河川，夏天成长发育，秋天产卵而后终其一生。因有香味而成珍品，与人类很早就有密切的关系。

香鱼是一种溯河洄游性鱼类，而在少数河流中发现有陆封型的生态群体。每年秋季在江河中产卵，当年孵出的幼鱼入海越冬。香鱼的幼鱼以浮游动物为食，可用毛钩钓取。进入淡水后，以刮食岩石上的硅藻、篮藻等植物性为主，同时也摄食昆虫类和浮游动物，故渔

民常以拟饵钩捕获。冬天在平静的沿岸越冬。翌年春季，体长大约为46毫米左右的香鱼自海里上溯至河流饵料丰富地带育肥，此时全体透明，日本人称之为"肥鲇"。上溯时一天可达20千米以上的旅程，并能超越过相当大的障碍。上溯一般分3、4批，而第一批个体最大。如

上游无冷水，香鱼的上溯可接近发源地。香鱼进入育肥并产卵的江河必须是地势陡峻，水流湍急，深度不大，水流有声，水温在27℃以下，水质清亮透明度大，河床为石砾底质，附生藻类多，没有泥沙附着的通海河流。而对于一些地处宽

广的冲积平原，水流平缓，沿岸土壤肥沃，底质为泥沙淤泥，或有较大的涌潮的河流，则不适于香鱼的生长，因而此类河流未见香鱼栖息。

香鱼肉醇厚，肉质细嫩鲜美，并有滋补的药用价值，福建南部一带百姓把它作为产妇的营养品，它还能治疗痢疾病。香鱼因其背脊上有一条满是香脂的腔道，能散发出特殊香味而为世界上所不多见，故被国际市场誉为"淡水鱼之王"。台湾著名历史学家、诗人连横曾赋诗云："春水初添新店溪，溪流蓄淳缘玻璃，香鱼上钩刚三寸，斗酒双柑去听鹂"。据传早在

清朝，浙江凫溪香鱼作为进贡的珍品而获得加封，历有"斗米斤鱼"之极高售价。浙江南北雁荡所产的香鱼用火焙干，成金黄色鱼干，色香味具佳而著名中外。

香鱼原产丁中国、朝鲜、日本，但目前朝鲜和日本的香鱼已绝迹。我国分布于黄海、渤海、东海等地沿海溪流中，北至辽东半岛和辽西走廊，南至闽南、台湾。香鱼曾是我国珍贵的经济鱼类。近二十年来，由于受外界环境的影响而造成资源量急剧减少，尤其是在香鱼产卵育肥河段的上游大量森林被砍伐，土地被开垦，造成严重的水土流失，破坏了香鱼的繁衍生存的环

境；此外，几乎所有河流均拦河筑坝建水库，阻断了其洄游通道，改变了溪川的水文条件；工业污水大量排入溪川，水质污染严重，破坏了原有生态环境；更严重的是产地普遍存在大量杀灭幼、成香鱼的毒、炸等严重破坏资源的现象，加之电、密网和鸬鹚等不良渔法，致使香鱼遭受毁灭性破坏。当前，香鱼的资源已处于"易危"阶段。

◎ 蝴蝶鱼

蝴蝶鱼又称珊瑚鱼，属于硬骨鱼纲鲈形目蝴蝶鱼科。蝴蝶鱼约有90种，中国近海就有40余种。蝴蝶鱼大都色彩艳丽，全身有数目不等的纵横条纹或花色斑块，体色能随外界环境的变化而改变。体色的改变主要在于其体表有大量色素细胞，在神经系统的控制下展开或收缩，从而呈现出不同的色彩。蝴蝶鱼改变一次体色只需几分钟，有的只需几秒钟。一般人认为色彩鲜艳的动物都是有毒的，它

57

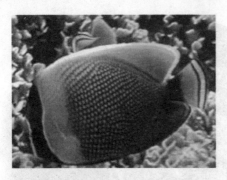

网纹蝶鱼分布在印度洋及日本、菲律宾、中国台湾和南海的珊瑚礁海域，体扁，呈圆盘形，体长约有12~15厘米。其头部为三角形，吻部呈黄色，突出，眼部有一条黑色环带。网纹蝶鱼全身金黄色，体表两侧有规则地排列着网眼状的四方形黄斑，酷似鱼网条纹。其背鳍、臀鳍、尾鳍由鳍基部到上边缘依次有黄、黑、黄三条色带。在天然海域中，它们主要吃食珊瑚虫、海葵等。

们用鲜艳的颜色来警告其他天敌。其实，蝴蝶鱼无毒无害。

蝴蝶鱼生性胆小，警惕心强，通常藏身于珊瑚丛中，并改变体色来伪装自己。进食的时候，蝴蝶鱼总是争不过其他的鱼，而且一遇风吹草动就慌忙躲藏起来，要过很久才会慢慢出来。当它被饲养在水族箱中时，它的胆小也有其可爱之处。

◎ 长吻蝶鱼

◎ 网纹蝶鱼

长吻蝶鱼如同它们的名字一样，有一个尖长的吻部。这只"探测器"可以任意伸进狭长的小洞中搜寻食物。长吻蝶鱼的尾部上方有一个很大的眼点。当它们遇到险情时，常常以此来帮助自己迷惑对方，趁狩猎者不明真相时溜之大吉。

长吻蝶鱼的幼鱼与成鱼，无论颜色或是体形，都有着极大的差别。体极为侧扁，吻部突出延长呈管状。头部上黑下白，体色鲜黄。背鳍棘12枚，竖起犹如印地安酋长的羽毛头饰，臀鳍上具一黑色假眼

斑。生活于3~60米，性情温和，大多各自活动。泳姿奇怪，喜欢将脆弱的腹部朝向礁石，以腹上背下的姿势游泳，以避免遭受致命攻击。肉食性，以底栖无脊椎动物为主。主要分布在印度-西太平洋热带海域，包括台湾南部及兰屿、绿岛海域。

水中的"冷血"漫步者 鱼

◎ 大比目鱼

大比目鱼亦称庸鲽、圣日比目鱼。鲽形目几种比目鱼，特别是庸鲽属的大西洋和太平洋产经济价值高的大型鱼类的统称。与其他鲽科鱼一样，大比目鱼的两眼一般在体右侧，且仅该侧有颜色。大西洋大比目鱼见于北大西洋两岸，形大，可长达2米，重325千克。身体有眼侧为褐色、淡黑或深绿色，无眼侧通常为白色。在一些地区由于过量捕捞已变为稀有。太平洋大比目鱼体较小，且较细长，产于北太平洋两侧，可重达213千克。其他

名为大比目鱼的食用比目鱼有鲽科的格陵兰大比目鱼(马舌鲽)和鲆科的加利福尼亚牙大比目鱼。格陵兰大比目鱼是北部种,见于大西洋北极和近北极水域,可长约100厘米,体色淡褐或淡黑,但与大多数其他比目鱼不同,体两侧全有颜色。加利福尼亚牙大比目鱼产于加利福尼亚沿海,体灰褐色,最大体长约1.5米,重达27千克。鲆科其他种类通常眼及体色仅见于左侧,而加利福尼亚牙鲆的两眼与颜色则可均在左侧或均在右侧。

◎ 大麻哈鱼

大麻哈鱼身长而侧扁,吻端突出,形似鸟喙,重量达3.6千克。口大,内生尖锐的齿,是凶猛的食肉鱼类。繁殖季节在秋季,沿北美育空河洄游上溯逾3200千米。春季幼鱼孵出数星期后即入海。

大麻哈鱼素以肉质鲜美、营养丰富著称于世,历来被人们视为名贵鱼类。它生在河里,长在海

62

中，主要栖息在北半球的大洋中，以鄂霍次克海、白令海等海区最多。入江后停止摄食，有些大麻哈鱼进入乌苏里江、呼玛尔河和松花江等黑龙江的清冷支流，以寻找最理想的产卵场所。产卵前，雌鱼用腹部和尾鳍清除河底淤泥和杂草，拨动细沙砾石，建筑一个卵圆形的产卵床。然后，雌雄鱼双双婚配产卵。产卵后，经过长途跋涉精疲力竭的亲鱼，还要守护在卵床边，直到死亡。100多天后，小鱼才从卵中孵出，来年春天，它们顺流而下，又游向大海，然而它们不会忘却故乡，一旦性成熟，又会历经千难万险，游回家乡。我国黑龙江畔因盛产大麻哈鱼，被誉为"大麻哈鱼之乡"。

大麻哈鱼有很高的经济价值，不仅肉味鲜美，鱼子更为名贵。它的鱼子比一般鱼子大得多，直径约7毫米，色泽嫣红透明，宛如琥珀，营养价值极高，是做鱼子酱的上好原料。

◎ 双髻锤头鲨

双髻锤头鲨有着典型的鲨鱼身材，但头部两边各长有长长的褶叶。双髻锤头鲨

游水前进时，会不时左右甩头。这样做会使位于头锤顶端的眼睛获得更宽广的视野。双髻锤头鲨的头部上还分布有许多感觉孔，专门用来侦测猎物发出的微弱电流。

◎ 大西洋鲑鱼

大西洋鱼属鲑鱼科。重约5.5千克，体被圆点或十字形点。栖大西洋两岸，秋季溯溪产卵，产卵后的成鱼可续活至再次产卵。幼鱼2岁入海，4岁成熟。

加拿大河生鲑鱼与湖生鲑鱼为其陆封型，体较小，亦属钓鱼珍品，现已成功引入美国大湖区。

63

大西洋鲑鱼通常被叫做"河中之王"。鲑鱼可以长到2米长体重超过40千克。它们的鼻子很长，而且嘴里有很多的牙齿。它们的肤色随着年龄的改变而改变，当然，也和性别有关系；

64

它们休息时背上的颜色是铁蓝色的而且腹部成白色，但它们一进入河流就变成黑色的了。它们都有一个非常棒的胃口而且在海里游的非常的快，但是它们一进入河流，在产卵之前就不再吃东西了，所以人们就会知道它们为什么变得虚弱。

在繁殖季节，大西洋鱼经过长时间的游动回到它们出生的河流中，雌鲑鱼在11~12月在那里产下鱼卵，它们在河底的沙砾层挖一个坑并把数千个卵产在里面，之后还用沙子把它们的卵埋上。过后的一个星期由雄性鱼将精液盖在卵上面。三个月后卵孵化开来，在经过几个过程（鱼秧，幼鱼），它们就会长成成熟的大鱼。

淡水鱼

　　广义地说，淡水鱼是指能生活在盐度为千分之三的淡水中的鱼类；狭义地说，淡水鱼是指在其生活史中部分阶段如只有"幼鱼期"或"成鱼期"，或是终其一生都必须在淡水域中度过的鱼类。

　　世界上已知鱼类约有26000多种，是脊椎动物中种类最多的一大类，约占脊椎动物总数的48.1%，它们绝大多数生活在海洋里。淡水鱼类约有800余种。其中，鲤科属种最多，有400余种，约占全部淡水鱼的二分之一；鲶科和鳅科的属种也不少，

两科共有200余种，约占全部淡水鱼的四分之一；其它科如虾虎科、鳢科合鳃科等科共有200余种，约占全部淡水鱼的四分之一。

　　在我国的淡水鱼中，有些种类分布很广，几乎到处可见。如以

◎ 鲤 鱼

鲤鱼，鲤科中粗强的绿褐色鱼。原产于亚洲，后引进欧洲、北美及其他地区。鳞大，上腭两侧各有二须，单独或成小群地生活于平静且水草丛生的泥底的池塘、湖泊、河流中。杂食性，掘寻食物时常把水搅浑，增大混浊度，对很多动植物有不利影响。因此，常被认为是不受欢迎

水草为主要食料的草鱼、鳊鱼、三角鲂、赤眼鳟等；以浮游生物为食的鲢、鳙等；杂食性的鲤、鲫等；其他如花、麦穗鱼、达氏蛇、银鲷、条鱼、棒花鱼、黄鳝、白鳝、花鳅、泥鳅、鲶鱼以及常见凶猛鱼类乌鳢、鳜鱼、鳡等；此外还有性情温和的肉食性鱼类翘嘴红鲌、蒙古红鲌和青鱼等。

的，人们要花很大力量才能除掉它。

冬天，鲤进入冬眠状态，沉伏于河底，不吃任何东西。春天产卵，雌鱼常在浅水带的植物或碎石屑上产大量的卵。卵在4～8天后孵化。鲤生长很快，大约第三年达到性成熟，在饲养条件下，可活40年以上。长度平均35厘米左右，但最大可超过100厘米，重22千克以上。鲤常被养殖，以供食用，特别在欧、亚二洲，每水域能生产出大量的鱼。是家养的变种。鲤的两个养殖品种是镜鲤（极少数鳞）和草鲤（几乎无鳞)。黑鲫是鲤的一个无须的欧洲近缘种。

鲤鱼及其亲缘动物是世界上数量最多的淡水鱼。除了南美洲、澳大利亚和新西兰之外，世界上任何一个地方都有鲤鱼及其亲缘鱼类，从鲢鱼、草鱼、金鱼和其他"小鱼"到2米多的大鱼都有。鲤鱼的食物很多，包括其他鱼种、钉螺和水中植物。鲤鱼的嘴里没有牙齿，但嘴后部却有几颗咽喉齿，这些牙齿抵在一个坚硬的肉垫上，可以将吞下的任何食物磨碎。

◎ 普通鲤鱼

普通鲤鱼身体呈青黄色，尾鳍为红色，体表布满圆鳞，身体最大的可达1米多。普通鲤鱼口小，且向前突出，有

两对触须，背鳍和臀鳍都有硬刺。它是杂食性鱼类，常在河底寻找水草、螺蛳、黄蚬等食物。它们有很强的生命力，能耐高温和适应污水，寿命可达100年以上。普通鲤鱼饲养品种很多，常见的有镜鲤、革鲤、荷包鲤等。

◎ 锦 鲤

锦鲤是风靡当今世界的一种高档观赏鱼，有"水中活宝石""会游泳的艺术品"的美称。由于它容易繁殖和饲养，食性较杂，通常一般性养殖对水质要求不高，故受到人们的欢迎。

锦鲤，原产地在中亚细亚，后传到中国。在中国古代，锦鲤是宫廷技师按照培育金鱼的方法筛选出来的符合大众审美观的变异品种，近代传入日本，并在日本发扬光大。

许多优良品种都是日本培育出来的，也因此许多锦鲤都是用日本名称来命名的。它是日本的国鱼，被誉为"水中活宝石"和"观赏鱼之王"。锦鲤体格健美、色彩艳丽、花纹多变、泳姿雄然，具极高的观赏和饲养价值。锦鲤个体较大，其体长可达1～1.5米，重10千克以上。寿命也极长，能活60～70年（相传有200岁的锦鲤，寓意吉祥，相传能为主人带来好运，是备受青睐的风水鱼和观赏宠物）。

锦鲤生性温和，喜群游，易饲养，对水温适应性强。可生活于5℃～30℃水温环境，生长水温为

69

21℃~27℃。杂食性。于每年4~5月产卵。锦鲤的体态优雅高贵，身体修长。幼鱼的背部微弓，成年锦鲤的胸鳍呈鱼雷形，稍圆且强健。锦鲤头大嘴宽，嘴上长有两对触须。它们的鳞排列形态因品种而异，例如浅黄锦鲤的鳞排列会产生松球状的效果，而衣锦鲤的鳞有金属色的光泽。

◎ 草 鱼

草鱼俗称鲩、油鲩、草鲩、白鲩、草鱼、草根（东北）、混子、黑青鱼等。草鱼是鲤形目鲤科雅罗鱼亚科草鱼属的唯一种，又称白鲩、草根鱼、厚鱼。体略呈圆筒形，头部稍平扁，尾部侧扁。口呈弧形，无须，上颌略长于下颌。体呈浅茶黄色，背部青灰，腹部灰白，胸、腹鳍略带灰黄，其他各鳍浅灰色。为中国东部广西至黑龙江等平原地区的特有鱼类。

草鱼栖息于平原地区的江河湖泊，一般喜居于水的中下层和近岸多水草区域。性活泼，游泳迅速，常成群觅食。为典型的草食性鱼类。在干流或湖泊的深水处越冬。生殖季节草鱼有溯游习性。已移殖到亚、欧、美、非各洲的许多国家。草鱼生长迅速，饲料来源广，是中国淡水养殖的四大家鱼之一。

我国重要淡水经济鱼类中最负盛名者当推世界著名的"四大家鱼"——草鱼、青鱼、鲢鱼、鳙鱼，虽均为我国特有鱼类，而草鱼以其独特的食性和觅食手段而被当做拓荒者而移植至世界各地。其体型较长，略呈圆筒型，腹部无棱。头部平扁，尾部侧扁。口端位，呈弧形，无须。下咽齿二行，侧扁，呈梳状，齿侧具横沟纹。背鳍和臀鳍均无硬刺，背鳍和腹鳍相对。体呈茶黄色，背部青灰略带草绿，偶鳍微黄色。

草鱼肉性味甘、温、无毒，有暖胃和中之功效，广东民间用以与油条、蛋、胡椒粉同蒸，可益眼明目。其胆性味苦、寒，有毒。动物实验表明，草鱼胆有明显降压作用，还有祛痰及轻度镇咳作用。江西民间用胆汁治暴聋和水火烫伤。胆虽可治病，但胆汁有毒，常有因吞服过量草鱼胆引起中毒事例发生。中毒过程主要为毒素作用于消化系、泌尿系，短期内引起胃肠症状，肝、肾功能衰竭，常合并发生心血管与神经系病变，引起脑水肿、中毒性休克，甚至死亡，对吞服草鱼胆中毒者

尚无特效疗法，故不宜将草鱼胆用来治病，如必须应用，亦需慎重。

72

◎ 鲫 鱼

鲫鱼，又称鲋鱼、鲫瓜子、鲫皮子。鲫鱼俗称喜头鱼、鲫瓜子、鲋鱼、鲫拐子、朝鱼、刀子鱼、鲫壳子、金鱼。鲫鱼一般体长为15～20厘米。体侧扁而高，体较厚，腹部圆。头短小、吻钝、无须。鳃耙长，鳃丝细长。下咽齿

一行，扁片形。鳞片大。侧线微弯。背鳍长，外缘较平直。背鳍、臀鳍第3根硬刺较强，后缘有锯齿。胸鳍末端可达腹鳍起点。尾鳍深叉形。一般体背面灰黑色，腹面银灰色，各鳍条灰白色。因生长水域不同，体色深浅有差异。腹部背部是白的，背部是黑的。天敌从水上方往下看，由于黑色的鱼背和河底淤泥同色，故难被发现；天敌若从水下方往上看，由于白色鱼肚和天颜色差不多，故也难被发现；经常看到有些文章里形容清晨时分"东方泛起了鱼肚白"，就是这个道理。

鲫鱼在全国各地水域常年均有生产，以2～4月份和8～12月份的鲫鱼最肥美。鲫鱼属鲤形目、鲤科、鲫属。江苏、浙江一带称河鲫鱼，东北称鲫瓜子，湖北称喜头鱼等。鲫鱼分布很广，除西部高原地区外，广泛分布于全国各地。鲫鱼的适应性非常强，不论是深水或浅水、流水或静水、高温水(32℃)或低温水(0℃)均能生存。即使在pH值为9的强碱性水域，盐度高达4.5%的达里湖，仍然能生长繁殖。

73

◎ 鲢 鱼

鲢鱼，又叫白鲢、水鲢、跳鲢、鲢子，属于鲤形目，鲤科，是著名的四大家鱼之一。体形侧扁、稍高，呈纺锤形，背部青灰色，两侧及腹部白色。头较大，眼睛位置很低。鳞片细小。腹部正中角质棱自胸鳍下方直延达肛门。胸鳍不超过腹鳍基部。各鳍色灰白。形态和鳙鱼相似，鲢鱼性急躁，善跳跃。鲢鱼是人工饲养的大型淡水鱼，生长快、疾病少、产量高，多与草鱼、鲤鱼混养。其肉质鲜嫩，营养丰富，是较宜养殖的优良鱼种之一。鲢鱼是我国主要的淡水养殖鱼类之一，分布在全国各大水系。

鲢鱼是典型的滤食性鱼类，在鱼苗阶段主要吃浮游动物，长达1.5厘米以上时逐渐转为吃浮游植物，亦吃豆浆、豆渣粉、麸皮和米糠等，更喜吃人工

74

微颗粒配合饲料。适宜在肥水中养殖。肠管长度约为体长的6～10倍。鲢鱼的性成熟年龄较草鱼早1～2年。成熟个体也较小，一般3千克以上的雌鱼便可达到成熟。5千克左右的雌鱼相对怀卵量约4～5万粒/千克体重，绝对怀卵量20～25万粒。卵漂浮性。产卵期与草鱼相近。

鲢鱼属中上层鱼。春夏秋三季，绝大多数时间在水域的中上层游动觅食，冬季则潜至深水越冬。鲢鱼终生以浮游生物为食。喜高温，最适宜的水温为23℃～32℃。喜欢跳跃，有逆流而上的习性，但行动不是很敏捷，比较笨拙。生长速度快、产量高。当受到惊扰或碰到网线时，便纷纷跳出水面越网而逃。

尾部侧扁，腹部圆，无腹棱。头部稍平扁，尾部侧扁。口端位，呈弧形。上颌稍长于下颌。无须。下咽齿1行，呈臼齿状，咀嚼面光滑，无槽纹。背鳍和臀鳍无硬刺，背鳍与腹鳍相对。体背及体侧上半部青黑色，腹部灰白色，各鳍均呈灰黑色。

◎ 青 鱼

青鱼是鲤形目鲤科青鱼属青鱼种。青鱼，体长，略呈圆筒形，

体圆筒形。腹部平圆，无腹棱。尾部稍侧扁。吻钝，但较草鱼尖突。上颌骨后端伸达眼前缘

下方。眼间隔约为眼径的3.5倍。鳃耙15～21个，短小，乳突状。咽齿一行，4(5)/5(4)左右，一般不对称，齿面宽大，臼状。鳞大，圆形。侧线鳞39～45。体青黑色，背部更深，各鳍灰黑色，偶鳍尤深。

青鱼主要分布于我国长江以南的平原地区，长江以北较稀少。它是长江中、下游和沿江湖泊里的重要渔业资源和各湖泊、池塘中的主要养殖对象，为我国淡水养殖的"四大家鱼"之一。由于青鱼易于饲养，近年来被引种至美国南方。但是，据称青鱼在美国的繁殖已经越出了特定的养鱼场，在密西西比河及其支流俄亥俄河和雷德河中均有发现。已成为美国渔业大害，当地政府甚至出价100美元一条悬赏捕捉青鱼。

青鱼栖息的水层很低，一般不游近水面。多集中在食物丰富的江河弯道和沿江湖泊中摄食肥育，在深水处越冬。行动有力，不易捕捉。耗氧状况与草鱼接近，水中溶氧量低于1.6

76

毫克／升时呼吸受到抑制，低至0.6毫克／升时开始窒息死亡。在0.5℃～40℃水温范围内都能存活。繁殖与生长的最适温度为22℃～28℃。喜微碱性清瘦水质。

主要摄食螺、蚬、幼蚌等贝类，兼食少量水生昆虫和节肢动物。日摄食量通常为体重的40%左右，环境条件适宜时可达60%～70%。仔鱼体长7～9毫米时进入混合性营养期，此时一面继续利用自身的卵黄，一面开始摄食轮虫和无节幼虫；10～12毫米时，摄食枝角类、桡足类和摇蚊幼虫；体长达30毫米左右时食性渐渐分化，开始摄食小螺类。

青鱼在"四大家鱼"中生长最快。长江青鱼首次成熟的年龄为

3～6龄，一般为4～5龄，雄鱼提早1～2龄。雌鱼成熟个体一般长约1米，重约15千克。雄鱼成熟个体一般长约900毫米，重约11千克。繁殖季节为5～7月。江河水的一般性上涨即能刺激其产卵。产卵活动较分散，延续时间较长。产卵场分布于长江重庆至道士袱江段，支流汉水、湘江中也有，但规模不大。绝对怀卵量每千克体重平均为10万粒（成熟系数14%左右）；经人工催产每千克体重约可获卵5万粒。卵漂流性，卵膜透明，卵

径1.5～1.7毫米，吸水膨胀后可达5.0～7.0毫米。精子排入淡水后一般只在1分钟内具有受精能力。胚胎发育适温18℃～30℃，最适温度26℃±1℃，低于17℃或高于30℃就会引起发育停滞或畸形。在水温为21℃～24℃时约35小时孵出仔鱼。初孵仔鱼淡黄色，长6.4～7.4毫米，略弯曲。青鱼苗在卵黄囊消失和鳔出现后，其头、背呈现"岂"状黑色花纹。生殖期间，雄鱼的胸鳍内侧、鳃盖及头部出现珠星，雌鱼的胸鳍则光滑无珠星。

◎ 鳙 鱼

鳙鱼又称花鲢、胖头鱼、黑鲢、黄鲢、松鱼、鳙鱼、大头鱼、摆佳鱼、花鲢鱼、大头鱼、鳙头鲢、鲸鱼等。鳙鱼属鲤形目鲤科鲢亚科鳙属。鳙鱼的分布水域很广，从南方到北方几乎全中国淡水流域都能看到它的身影。鳙鱼属于滤食性鱼类，对于水质有清洁作用，一般鱼池、水库多于其他鱼类一起混养所以有人送它雅名"水中清道夫"。

鳙鱼性温驯，不爱跳跃，行动较迟缓。生活在水体的中上层，具有河湖洄游习性，平时多生活在有一定流速的江湖中。滤食性，主要吃轮虫、枝角类、桡足类(如剑水蚤)等浮游动物和原生动物，也吃部分浮游植物(如硅藻和蓝藻类)和人工饲料。鳙鱼的鳃毛较大主要以水中微生物为主，有时鱼虫小虾也照吞不误。

鳙鱼体侧扁，头极其肥大。口大，端位，下颌稍向上倾斜。鳃耙细密呈页状，但不联合。口咽腔上部有螺形的鳃上器官，眼小，位置偏低，无须，下咽齿勺形，齿面平滑。鳞小，腹面仅腹鳍甚至肛门具皮质腹棱。胸鳍长，末端远超过腹鳍基部。体侧上半部灰黑色，腹部灰白，两侧杂有许多浅黄色及黑色的不规则小斑点。

鳙鱼的生长速度比鲢鱼快，在天然河流和湖泊等水体中，通常可见到10千克以上的个体，最大者可达50千克。适于在肥水池塘养殖。在饲料充足的条件下，1龄鱼可重达0.8～1千克。性成熟年龄与草鱼相同或稍早。初成熟个体重在大部分地区需10千克以上，但在两广地区，通常不足10千克的亲鱼也可产卵。催产季节多在5月初至6月中旬，其他繁殖生态条件大致与鲢鱼相同。

观赏鱼

观赏鱼是指那些具有观赏价值的有鲜艳色彩或奇特形状的鱼类。它们分布在世界各地，品种不下数千种。它们有的生活在淡水中，有的生活在海水中，有的来自温带地区，有的来自热带地区。它们有的以色彩绚丽而著称，有的以形状怪异而称奇，有的则以稀少名

贵而闻名。

◎ 金 鱼

金鱼和鲫鱼同属于一个物种，在科学上用同一个学名。金鱼也称"金鲫鱼"，是由鲫鱼演化而成的观赏鱼类，类属盆养及池养的观赏鲤科鱼类。原产于东亚，但已移殖许多其他地区。近似鲤鱼，但无口须。金鱼的外部形态，与鲫鱼有极大的不同，几乎没有一个单一性状没有发生变

这样不正常的个体，已经产生了125个以上的金鱼品种。包括常见的具三叶拂尾的纱翅，戴绒帽的狮子头以及眼睛突出且向上的望天。杂食性，以植物及小动物为食。在饲养下也吃小型甲壳动物，并可用剁碎的蚊类幼虫、谷类和其他食物作为补充饲料。春夏进行产卵，进入这一季节，体色开始变得鲜艳，雌鱼腹部膨大，雄鱼鳃盖、背部及胸鳍上可出现针头大小的追星。卵附于水生

异。其体态变异包括体色、体形、鳞片数目、鳞片形态、背鳍、胸鳍、腹鳍、臀鳍、尾鳍、头形、眼睛、鳃盖、鼻隔膜等变异。这里主要举出体色变异、头形的变异和眼睛的变异。

在中国，至少早在宋朝(960—1279年)金鱼即已家养。野生状态下，金鱼体呈绿褐或灰色，然而现存在着各种各样的变异，可以出现黑色、花色、金色、白色、银白色以及三尾、龙睛、或无背鳍等变异。经过几个世纪的选择和培育，

82

植物上，孵化约需一周。观赏的金鱼已知可活25年之久，然而平均寿命要短得多。在美国东部很多地区，由公园及花园饲养池中逃逸的金鱼，已经野化了。野生后复原了本来颜色，并能由饲养在盆中的5～10厘米长到30厘米。金鱼的品种很多，颜色有红、橙、紫、蓝、墨、银白、五花等，分为文种、龙种、蛋种三类。

金鱼起源于我国，12世纪时开始金鱼家化的遗传研究。经过长时间培育，品种不断优化。金鱼易于饲养，形态优美，能美化环境，很受人们的喜爱，是我国特有的观赏鱼，现在世界各国的金鱼都是直接或间接由我国引种的。根据日本学者松井佳一的研究，中国金鱼传至日本的最早记录是1502年。金鱼传到英国是在17世纪末，到18世纪中期，双尾金鱼已传偏欧洲各国，1874年传到美国。

金鱼是我国人民乐于饲养的观赏鱼类。它身姿奇异、色彩绚丽，可以说是一种天然的活的艺术品，因而为人们所喜爱。根据史料的记载和近代科学实验的资料，科学家已经查明，金鱼起源于我国普

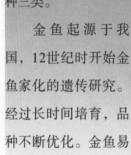

通食用的野生鲫鱼。它先由银灰色的野生鲫鱼变为红黄色的金鲫鱼，然后再经过不同时期的家养，由红黄色金鲫鱼逐渐变成为各个不同品种的金鱼。作为观赏鱼，远在中国的晋朝时代（265—420年）已有红色鲫鱼的记录出现。在唐代的"放生池"里，开始出现红黄色鲫鱼，宋代开始出现金黄色鲫鱼，人们开始用池子养金鱼，金鱼的颜色出现白

花和花斑两种。到明代，金鱼搬进鱼盆。在动物分类学上，金鱼是属于脊椎动物门、有头亚门、有颌部、鱼纲、真口亚纲、鲤形目、鲤

83

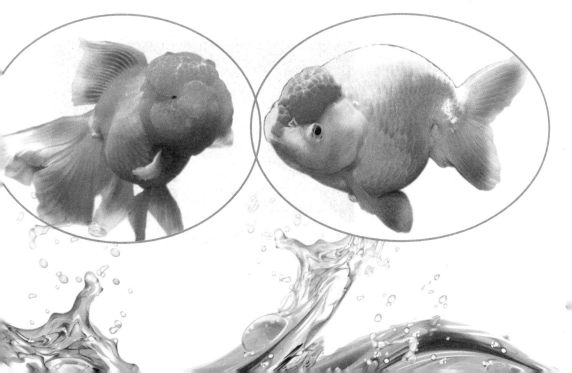

84

会非常之多，了解也多，所以很容易发现在野生鱼类中发生变异的种类，尤其是变为金色或红色的种类更易引起人们的关注。当时人们把金色或红色的鱼类统称为"金鱼"。我国明代伟大的本草学家李时珍，在他的《本草纲目》中写有："金点有鲤鲫鳅数种，鳅尤难得，独金鲫耐久，前古罕知……。"

科、鲤亚科、鲫属的硬骨鱼类。

鱼类和人类的关系甚为密切，早在石器时代，人们就捕捉鱼类作为食物。在距今3200多年前，中国已有了养鱼的记录(根据殷墟出土甲骨卜辞)，由于长期的捕鱼、养鱼，同鱼类接触的机会颇多，这也就是对鱼类的观察机

◎ 龙 鱼

龙鱼，是一种大型的淡水鱼。早在远古石炭纪时就已经存在。该鱼的发现始于1829年，在南美亚马逊流域，当时是由美国鱼类学家温带理博士为其定名。1933年法国鱼类学家卑鲁告蓝博士在越南西贡发现了红色龙鱼。1966年，法国鱼类学家布蓝和多巴顿在金边又发现了龙鱼的另外一个品种。之后又有一些国家的专家学者相继在越南，马来西亚半岛，印尼的苏门答腊、班加岛、比婆罗洲和泰国发现了另外一些龙鱼品种，于是就把龙鱼分成金龙鱼、橙红龙鱼、黄金龙鱼、白金龙鱼、青龙鱼和银龙鱼等。真正作为观赏鱼引入水族箱是始于50年代后期的美国，直至80年代才逐渐在世界各地风行起来。

龙鱼全身闪烁着青色的光芒，圆大的鳞片受光线照射后发出粉红色的光辉，各鳍也呈现出各种色彩。不同的龙鱼有其不同的色彩。例如，东南亚的红龙幼鱼，鳞片红小，白色微红，成体时鳃盖边缘和鳃舌呈深红色，鳞片闪闪生辉；黄金龙、白金龙和青龙的鳞片边缘分别呈金黄色、白金色和青色，其中有紫红色斑块者最为名贵。这一科龙鱼的主要特征还有它的鳔为网眼状，常有鳃上器官。

龙鱼属肉食性鱼类，从幼鱼

到成鱼，都必须投喂动物性饵料，以投喂活动的小鱼最佳。动物内脏，易妨害消化系统，不可投喂。投喂的人工配合饲料多选用对虾饲料(浮性)。龙鱼适应的水温为24℃～29℃，不过龙鱼和其他的观赏鱼一样，切忌水温急剧变化。

◎ 孔雀鱼

孔雀鱼别名彩虹鱼、百万鱼、库比鱼。孔雀鱼体形修长，有极为美丽的尾鳍。成体雄鱼体长3厘米左右，尾部长占体长的2/3，体色艳基色有淡红、淡绿、淡黄、红、紫、孔雀蓝等。尾鳍上有1～3行排列整齐的黑色圆斑或是一彩色大圆斑，尾鳍形状有圆尾、旗尾、三角尾、火炬尾、琴尾、齿尾、燕尾、裙尾、上剑尾、下剑尾等。

成体雌鱼体长可达5～6厘米，尾部长占体长的1/2以上，体色较雄鱼单调，尾鳍呈鲜艳的

蓝、黄、淡绿、淡蓝色，散布着大小不等的黑色斑点，这种鱼的尾鳍很有特色，游动时似小扇扇动。孔雀鱼适应性很强，最适宜

生长温度为22℃～24℃，喜微碱性水质，pH：7.2～7.4，食性广，性情温和，活泼好动。孔雀鱼是最容易饲养的一种热带淡水鱼，能和其他热带鱼混养，但要获得体色艳丽、体形优美的鱼则从鱼苗期就需要宽大的水体、较多的水草、鲜活的饵料、适宜的水质等环境。

孔雀鱼因其丰富的色彩、多姿的形状和旺盛的繁殖力，而倍受热带淡水鱼饲养族的青睐。尤其是繁殖的后代，会有很多与其亲鱼色彩、形状不同的鱼种产生。雌、雄鱼差别明显，雄鱼的大小只有雌鱼的一半左右，雄鱼体色丰富多彩，

尾部形状千姿百态。

孔雀鱼，由于其周期性的生产力，使得它赢得"百万鱼"的封号，也因此常是初饲养观赏鱼者家中的常客。早期的孔雀鱼以东南亚进口及国内南部生产为主，两者的共通特性是对水的硬度要求很高，且都是采室外培育的方式，因此充分受到阳光的洗礼，所以色泽显得特别灿烂。起初孔雀鱼虽为各界所接受，但落得和其他鱼种混养及廉价易死亡的悲惨印象，因此国内观赏鱼的发展虽有数十年的历史，而孔雀鱼却是数十年如一日，毫无进展可言。这期间虽然有数波推展孔

雀鱼的动作，但始终因天时地利种种条件不配合而无疾而终。主要是国内观赏鱼界数十年来的高度开发，至今已进入瓶颈，因此在这波倡导活动之下终于获得各方的响应，让孔雀鱼在观赏鱼界中建立一个新的领域。孔雀鱼往往是初学入门者第一次饲养的鱼种，却也常常是养鱼数十年者重拾的鱼种，此现象正好说明了孔雀鱼易懂难精的特性，无怪乎能让人如此的着迷，愿意摒弃所有的鱼种只留孔雀鱼。

孔雀鱼属卵胎生鱼类。繁殖力强，性成熟早，幼鱼经3～4个月饲养便进入成熟期可以繁殖后代，性成熟迟早与水温高低、饲养条件密切相关。孔雀鱼繁殖时要选择一个较大的水族缸，水温保持在26℃。pH：6.8～7.4，同时要多种一些水草，然后按1雄配4雌的比例放入种鱼。待鱼发情后，雌鱼腹部逐渐膨大，出现黑色胎斑；雄鱼此时不断追逐雌鱼，雄鱼的交接器插入雌鱼的泄殖孔时排出精子，进行体内受精。当雌鱼胎斑变得大而黑、肛门突出时，可捞入另一水族箱内待产。

待产箱中的温度应比原水温高1℃~2℃，箱底放青苔或水草，给小鱼设一个避身之处。雌鱼产仔后，要立即将其捞出，以免吃掉仔鱼。或者要塑料片围成漏斗状隔离墙，侵入水中，将产仔雌鱼放在漏斗中，使仔鱼产出后从漏斗下空洞掉入漏斗外水体，雌鱼就吃不到仔鱼了。

孔雀鱼每月产仔一次，视雌鱼大小，每次可产10~120尾仔鱼，一年产仔量相当多，故有"百万鱼"之称。繁殖时应注意，同窝留种鱼不要超过三代，以免连续近亲繁殖导致品种退化，使后代鱼体越来越小，尾鳍变短。最好引进同品种鱼进行有目的远缘杂交，以防次品种退化，达到改良品种的目的。但孔雀鱼寿命很短，一般只有2~3年。第一胎一般产的比较少，大约产10~80尾；第二胎大约产80~120尾。价格几元到几十元甚至几百元1条不等。孔雀鱼在狭窄的区域内会有争地盘的现象，出现达到导致鱼致死，所以当地方狭小的时候适合单条养殖。

89

◎ 剑尾鱼

剑尾鱼，体似纺锤形，体强壮，易饲养，无论是弱酸性水还是弱碱水都能适应。抗寒力较强。在20°的水温中生长良好，适宜饲养水温24°～26°，其受惊后喜跳跃，弹跳力很强，为安全起见，最好在水族箱顶端加一盖板。饲养剑尾鱼的水要有充足的溶解氧，使其能在中下层水域活动。如果水中溶解氧少，它们便会浮在水面游动，严重缺氧时，有的雄鱼会跃出水面。剑尾鱼虽然备"剑"，但并不好战，恰恰相反，它们性格温和、善良，从不欺侮弱者或不同种者。易和别的热带鱼混养。

剑尾鱼属卵胎生鱼类。繁殖力强，性成熟早，幼鱼在3～4个月时性成熟，成年鱼一般7个月左右就可进行繁殖，性成熟迟早与水温高低、饲养条件密切相关。雄鱼体细长，尾鳍形成棒状的生殖器，尖端有剑状的交接器；雌鱼体短而肥，臀鳍扇形。营群居生活，数尾雄鱼追逐雌鱼，雌鱼卵在体内受精。临产前的雌鱼肛门处呈明显黑色胎斑，可将待产雌鱼捞入繁殖缸中，繁殖方法与孔雀鱼相似。因其体型较大，一般每隔30～50天产仔一次，个体大的雌鱼每胎可产仔鱼200余尾，刚出生的仔鱼躲在水草丛的叶片上。仔鱼生长到3个月时，雄鱼尾鳍下缘的剑尾开始发育。

◎ 老鼠鱼

老鼠鱼在分类上属于鲶目、甲鲶亚科的甲鲶属的鱼类。到目前为止，大约有120～150种老鼠鱼已经被发现，但真正被定名的却只有80%左右，有许多老鼠鱼的个体其分类与名称混淆不清。老鼠鱼和异型鱼类一样，体披骨板，胸鳍与背鳍的第一鳍条为硬棘，可借以保护自己，但不同于异型鱼的是老鼠鱼身躯两侧的骨板是由上下均

92

等的硬鳞，致密且有规则的排列而成。此外，老鼠鱼还可以利用血管丰富的肠后端呼吸水面上的空气，以度过干旱或者水中溶氧不足等困厄的环境，而这也就是为什么我们可以时常看到老鼠鱼突然游到水面吞咽空气的原因。老鼠鱼是属于非常典型的底栖性和群游性的鱼类，延长的吻端和鲶科鱼类特有的三对吻须有助于它们在砂地里寻找食物，至于老鼠鱼的食性则为杂食性，个体相当温驯，是水族箱中极佳的混养鱼种。

在水族市场上，

甲鲶亚科除了甲鲶属之外，还有另外两属的鱼类也常常被称为老鼠鱼，它们分别是体形修长的盾甲鲶属和背鳍鳍条数多于其他两属的弓背鲶属，但这两属的鱼类在水族市场上还都相当少见，其中盾甲鲶属以丽丽鼠较为常见，而弓背鲶属则以青铜鼠较为常见。至于另一个亚科美鲶亚科在水族市场上多以战车鼠为代表，其他可以见到的种类也非常少，属于这科的老鼠鱼可以象斗鱼科的迷鳃鱼类一样，在水面下筑泡沫巢穴来完成产卵繁殖的任务，其行为相当独特。

◎ 刺盖鱼

刺盖鱼属于刺盖鱼科，有许多好看的鱼种，广泛分布于世界各地的热带和暖温带海域，是水族馆里最流行的观赏海水鱼之一。刺盖鱼有一些体型较小的种类：矮鱼或刺尻鱼属的一些种，体长只有10厘米。刺盖鱼体侧扁而高，色彩鲜艳。除刺尻鱼属的种类外，许多种在幼年期都有与众不同的色彩和图案，并靠这些鲜艳的图案来阻止外来掠食者或同种成鱼的进攻。幼年期许多种都能取食其他鱼类身上的寄生虫。

喂养刺盖鱼时有一个总的原则，即同种刺盖鱼或相似的种类不能生活在同一个水族箱里，因为这些种有很强的地域意识，并且为

很好的运气，能够得到相同鱼类的一对配偶，那将是个例外。

在野外，海绵动物是刺盖鱼饮食的主要组成部分，但在密闭容器里没有条件用这些东西来喂养。因此，在选购天使鱼时建议购买幼鱼，它们比较易于适应新环境。现在有冷冻的海绵动物食品，因而若可能的话，要设法得到它。即使是一条已完全适应水族箱饮食的小鱼，也将会很喜欢每周一次这样的美食。由于所有的种类都极易受水质污染的影响，因此，良好的水质和藻类是必需的。当它们不吃海绵动物时，大部分时间是在长海藻的珊瑚礁上游荡。由于这些原因，刺盖鱼不宜初学者喂养。

了保卫自己的领地可以不惜性命。如果一定要让两种刺盖鱼在一起生活，那么首先水族箱要足够大，另外它们不应该是不同的属，例如，可以在同一个水族箱里养刺盖鱼属和刺蝶鱼属的鱼类。当然如果你有

94

◎ 接吻鱼

接吻鱼又叫亲嘴鱼、吻鱼、桃花鱼、吻嘴鱼、香吻鱼、接吻斗鱼等，在分类学上隶属于鲈形目、吻鲈科、钉嘴鱼属，以鱼喜欢相互"接吻"而闻名。实际上，不仅异性鱼即使同性鱼也有"接吻"动

鱼。原产于泰国、印度尼西亚、苏门答腊等地。接吻鱼的体长一般为20～30厘米。身体呈长圆形。头大，嘴大，尤其是嘴唇又厚又大，并有细的锯齿。眼大，有黄色眼圈。背鳍、臀鳍特别长，从鳃盖的后缘起一直延伸到尾柄，尾鳍后缘

作，故一般认为接吻鱼的"接吻"并不是友情表示，也许是一种争斗。

接吻鱼，体色淡浅红色，其英文名为Kissing fish，上海的热带鱼爱好者常用中英名合称为Kiss

中部微凹。胸鳍、腹鳍呈扇形，尾鳍正常。身体的颜色主要呈肉白色，形如鸭蛋。接吻鱼适宜生活的水温为21℃～28℃，最适生长温度22℃～26℃，喜偏酸性软水。能刮食固着藻类，刮食时上下翻滚，

喜食，对鲑鳟鱼卵尤其爱好。同斗鱼类的繁殖方式不同。它不吐沫营巢，而直接产漂浮性卵，浮在水面。卵呈琥珀色，如发白，则说明卵未受精。

接吻鱼游动起来十分缓慢，显得仪态万千，是极具观赏性的热带鱼。因为鱼体微红带白好似初放的桃花，所以还有很多行家叫它桃花鱼。接吻鱼很容易饲养，它对水质没有特殊要求，水温在

极为活泼，接吻鱼性情温顺、好动，宜与比较好动的热带鱼混养。除了浅淡红色，接吻鱼还有一种呈淡青色的品种，不过并不多见，而水族市场上销售的另一种呈心形的种类则是它们的人工改良品种，使其形体更具吸引力。

接吻鱼主要的食物是冷冻卤虫，蚯蚓也

22℃～26℃之间就可以，很多学生在宿舍里用小茶杯、小瓶子也能养活接吻鱼。但是由于接吻鱼长起来个头较大，建议最好选择大一点的饲养缸。

接吻鱼性情温和，成群结伴在各个水层活动，可以与其他鱼混养。而且它食性杂，一点也不挑食，面包虫、碎蚯蚓、人工饲料，主人喂什么，它就吃什么。不但个头生长快，抵抗力也不错，很少生病。

接吻鱼在人工饲养条件下没有固定的繁殖季节，而且繁殖较简单。接吻鱼15个月大的时候进入性成熟期，一年可繁殖多次。打算繁殖小鱼时，可按雌雄1∶1的比例把亲鱼放入繁殖缸内，同时兑进一些蒸馏水，刺激亲鱼发情。每尾雌鱼的产卵过程要持续数小时，可产卵1000余粒，有的可达2000～3000粒。由于接吻鱼有吞吃鱼卵的习

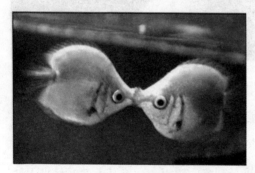

惯，所以繁殖缸里应该多种植一些浮性水草。

接吻鱼在人工饲养条件下没有固定的繁殖季节，而且繁殖起来也并不困难。要成对饲养为佳，并大量投食才能利于繁殖。它们的雌雄不易区别，幼体几乎无法辨认雌雄。成体一般雄鱼鳍臀宽而长，躯体显得细长一些；雌鱼臀鳍窄，躯体宽厚，腹部微鼓。当雌鱼性成熟后，腹部因充满卵子而膨大，从鱼缸顶部向下看时非常明显。接吻鱼为卵生，体外受精，一般要用体长在20厘米以上的做亲鱼。用80×40×40厘米以上的较大的水族箱进行繁殖，用5~7天的老水，水温在25℃~27℃之间，酸碱度为6.8~7.4，硬度为9~11，箱内水面上放置一层浮生水草。雄鱼不停地围绕着雌鱼转，当达到适当的位置，呈"U"形裹在雌鱼的身上挤抱，雌鱼产卵后雄鱼立即射精。雌鱼每次能产500～10000枚卵，平均3000枚。

它的卵属于浮性卵，漂浮在水面上层似油状，浮生的水草可以使它们免遭亲鱼误吞食。产完卵后，就可以将亲鱼捞出，对卵进行人工孵化。20～24小时即可孵出仔鱼，2～3天仔鱼能游动起来后，要大量喂灰水，否则它们就会饿死。2～3天

后再喂小红虫3～4天，即可喂大虫。15～20天时，要把迅速生长的仔鱼分成两箱或三箱饲养，才能保证较高的成活率。有时一窝仔鱼可以成活9000多尾，一年左右达到性成熟。寿命可达6～7年。

接吻鱼喜欢亲嘴的习惯对于鱼缸的生态十分有利。接吻鱼经常用嘴不停地啃食水草上和水族箱壁上的藻类和青苔，这样能使水草鲜绿，箱壁保持清洁，对清洁水族箱起了很大作用。接吻鱼在啃食箱底藻类和青苔时，常常头朝

加，几乎比它"清扫"的脏物还多！

接吻鱼既有观赏价值又有食用价值，是经济价值极高的鱼类。与其它热带鱼类比，接吻鱼没有鲜艳动人的色彩，可是仍然受到热带鱼爱好者的青睐。这是因为接吻鱼不仅具有"接吻"的绝活，而且游泳技术也相当高超，它们能在水中翻腾跳跃，犹如优秀体操运动员表演翻筋斗一样精彩，令人拍手叫绝。

下，呈倒立状，十分有趣。虽然接吻鱼是大型鱼种，但它对一般的大型水蚤并不感兴趣，而经常是张开大嘴去"喝"一些小型水蚤才能吃饱，这也是热带鱼的一种特殊的取食方式。由于养接吻鱼一举两得，很多人会在热带鱼箱里放几条接吻鱼做"清道夫"。尽管，接吻鱼如此忙碌，但依旧不是良好的"水族清道夫"。因为，它们虽然喜欢啄食藻类，但藻类却不是它们的主食，接吻鱼食量很大，可以接受任何饵料，啃食藻类不过是它的自然天性以及补充它习性好动而大量消耗的体能，随着生长发育，它的排泄物也会大量增

◎ 神仙鱼

神仙鱼体态高雅、游姿优美，虽然它没有艳丽的色彩，但

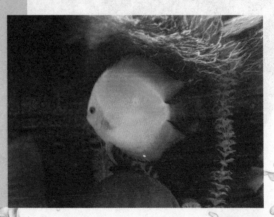

是，受水族爱好者欢
迎的程度是任何一种
热带鱼都无法与之
相提并论的，似乎还
没有发现一个饲养热
带鱼多年的爱好者没
有饲养过神仙鱼的事
例，神仙鱼几乎就是
热带鱼的代名词，只

要一提起热带鱼，人们往往第一联
想就是这种在水草丛中悠然穿梭、
美丽得清尘脱俗的鱼类。神仙鱼鱼
体侧扁呈菱形，宛如在水中飞翔的
燕子，故在我国北方地区又被称为
"燕鱼"。

神仙鱼性格十分
温和，对水质也没有
什么特殊要求，在弱
酸性水质的环境中可
以和绝大多数鱼类混
合饲养，唯一注意的
是鲤科的虎皮鱼，这
些调皮而活泼的小鱼

经常喜欢啃咬神仙鱼的臀鳍和尾
鳍，虽然不是致命的攻击，但是为
了保持神仙鱼美丽的外形，还是尽
量避免将神仙鱼和它们一起混合饲
养。

经过多年的人工改良和杂交繁殖，神仙鱼有了许多新的种类，根据尾鳍的长短，分为短尾、中长尾、长尾三大品系；而根据鱼体的斑纹、色彩变化又分成好多种类，在国内比较常见的有白神仙鱼、黑神仙鱼、灰神仙鱼、云石神仙鱼、半黑神仙鱼、鸳鸯神仙鱼、三色神仙鱼、金头神仙鱼、玻璃神仙鱼、钻石神仙鱼、熊猫神仙鱼、红眼神仙鱼等等，而最近在国外比较风行的埃及神仙鱼在国内还不多见。

神仙鱼的雌雄鉴别在幼鱼期比较困难，但是在经过8～10个月进入性成熟期的成鱼，雌雄特性却十分明显，特征是：雄鱼的额头较雌鱼发达，显得饱满而高昂，腹部则不似雌鱼那么膨胀，而且雄鱼的输精管细而尖，雌鱼的产卵管则是粗而圆。由于神仙鱼是属于喜欢自然配对的热带鱼类，配对成功的神仙鱼往往会脱离群体而成双入对的一起游动、一起摄食，过着只羡鸳鸯不羡仙的独立生活。这一特性是选购神仙鱼成鱼爱好者需要注意的，应该多花些时间观察鱼群，以确定完整的配对，可不要拆散它们哦：）而喜欢从幼鱼阶段开始饲养的爱好者则最好同时选购6～10尾，在其生长过程中即使发生意外，死亡几尾或者有几尾生长发育不良，那么，还有剩下的鱼体可以自行配对。

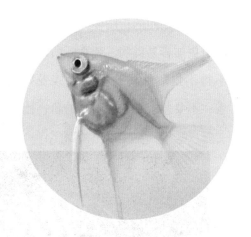

国内一些繁殖渔场在神仙鱼繁殖的时期所采用的水是经过逆渗透法用阴阳离子处理过的软水（即水质环境中矿物质含量较低而总硬度较低的水），经过处理过的水质虽然对神仙鱼繁殖孵化极有帮助，但是在这种水质环境中生长的幼鱼，经过长途运输又来到水族经销商高密度饲养而水质截然不同的贩

卖缸中，期间的折腾使原本纤弱的幼鱼更加容易得病、死亡。所以，不得不提醒那些初学的水族爱好者：不要急着去选购新到的鱼，让

烦。

神仙鱼是卵生鱼类，繁殖比较简单。仔细观察配对成功的双鱼，如果肛门附近开始突起，即输

适应水质、脱离发病期的烦琐交给"技术高超"的水族经销商去处理吧，过7~10天以后选购，那些鱼将会极其稳定地存活在您的水族箱中，而省却了您焦头烂额的处理麻

精管、产卵管开始下垂，这是产卵前的征兆，它们会在产卵前选择一片认为安全的区域，共同保卫领土，驱赶无意间闯入的其他鱼类。这片领土可能是一片宽大的水

草叶面，也可能是水族箱玻璃的一角……在确定了环境安全后，雌、雄鱼会将产卵区域啄食干净，而后雌鱼开始产卵，而雄鱼在雌鱼产卵的同时进行受精。一般情况整个产卵过程将持续数小时，产卵数量视成鱼的大小，一般为400～1000不等。

产卵结束后，雌、雄鱼会共同守护鱼卵，轮流用胸鳍扇动水流确保受精卵有充足的水溶氧，当某些鱼卵因为未受精或被水霉菌感染而发白、霉变时，它们会立即啄食，确保其他受精卵不受感染，整个维护过程是十分感人的。经过如此不吃不喝管理后的36小时，仔鱼开始孵化，却依然不会游动，依附于原地靠吸收自身的卵黄素渡过漫长的4～5天开始游离产卵

点，摄食体形微小的水蚤为食。此间，雌、雄鱼依然胆战心惊、无微不至地呵护着它们。所以，为了给它们创造一个良好、安全的产卵环境，最好是在神仙鱼出现产卵前的征兆的时候就放入另一做为繁殖用的水族箱中单独饲养，同时用气泵辅助提供充足的水溶氧，期间不易过强的照明灯光，也不易使它们过度受惊，过度受惊将会导致它们吞食所有已经产出的鱼卵。更不用投喂饵料，以免污染水质；尤其是活饵更要注意。混合在水蚤中的一种剑水蚤可以穿透受精卵的外壁使鱼

105

卵孵化率大大降低。

◎ 地图鱼

地图鱼是热带鱼中体形较大的一种鱼，在人工饲养条件下可达30厘米长，现在已有几种不同变种。地图鱼体形魁梧，宽厚，鱼体呈椭圆形，体高而侧扁，尾鳍扇形，口大，基本体色是黑色、黄褐色或青黑色，体侧有不规则的橙黄色斑块和红色条纹，形似地图。成熟的鱼尾柄部出现红黄色边缘的大黑点,状如眼

106

睛，可作保护色及诱敌色，使其猎物分不清前后而不能逃走。因体色暗黑，又称黑猪鱼；其尾鳍基部还有一中间黑、周围镶金黄色边的圆环，游动时闪闪发光，因此又叫尾星鱼。

地图鱼的背鳍很长，自胸鳍对应部位的背部起直达尾鳍基部，前半部鳍条由较短的锯齿状鳍棘组成，后半部由较长的鳍条组成；腹鳍长尖形；尾鳍外缘圆弧形。地图鱼色彩虽然单调，但形态却很别致，具有独特的观

赏价值，同时它的肉味鲜美，具有食用价值。据介绍，地图鱼经人工饲养后，很有感情，当人们走近水族箱时，它会游过来，表示欢迎。

地图鱼很容易饲养，繁殖也不困难，因此受到人们的欢迎。地图鱼的雌雄鉴别比较难，一般说雄鱼头部较高而厚，背鳍、臀鳍较尖长，身上的斑块和条纹较多较艳。雌鱼身躯较粗壮，臀鳍较小，体色没有雄鱼亮丽。亲鱼性成熟年龄为10～12个月。一般可自选配偶。繁殖水温以26℃～28℃为宜，繁殖前应在水族箱底置放平滑的大理石板（规格为20厘米×20厘米×2厘米），将配好对的亲鱼放入。亲鱼会在石板上用嘴啃出一块产卵巢。雌鱼将卵产在清洗过的石块上，雄鱼随后使之受精。雌鱼临产前靠近产巢，雄鱼则围绕雌鱼游动。雌鱼每次产卵500～1000粒，其卵粒比一般鱼卵粒大，并呈不规则的直线排列。受精卵经48小时孵出花褐色仔

鱼，7天后仔鱼游水，一周后开始觅食。亲鱼有吞食卵粒的习惯，产卵结束后应将产巢取出，放入孵化缸中人工充气孵化。受精卵约经3天孵化出仔鱼，5～6天后仔鱼始能自由游动、摄食。仔鱼生长迅速，约18个月可达性成熟，繁殖力强，产卵期为每年7～10月，可多次产卵。

水中的"冷血"漫步者 鱼

【知识百花园】

有特异功能的鱼

1. 会发声的鱼。康吉鲤会发出"吠"音；电鲶的叫声犹如猫怒；箱鲀能发出犬叫声；魳鳃的叫声有时像猪叫，有时像呻吟，有时像鼾声；海马会发出打鼓似的单调音。石首鱼类以善叫而闻名，其声音像辗轧声、打鼓声、蜂雀的飞翔声、猫叫声和呼哨声，其叫声在生殖期间特别常见，目的是为了集群。

108

2. 会发电的鱼。有些鱼类的身体都能发电，它们放出的电压，竟比我们生活用电的电压大好几倍。具有发电能力的鱼约有500种之多，如电鳐、电鲶、电鳗、长吻鱼等。

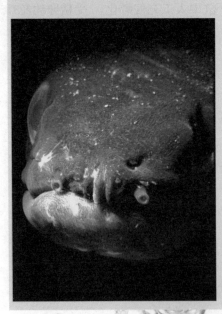

各种发电的鱼，它们发出的电流强弱和电压高低都不同。电鳐身体又扁又园，带着一条长长的尾巴，活像一把团扇。生活在非洲尼罗河的电鲶，身体只有1米长，却能发出350伏的高压电。

3. 会发光的鱼。有些鱼类发光，例如我国东南沿海的带鱼和龙头鱼是由身上附着的发光细菌所发出的光，而更多的鱼类发光则是由鱼本身的发光器官所发出的光。

烛光鱼其腹部和腹侧有多行发光器，犹如一排排的蜡烛，故名烛光鱼。深海的光头鱼头部背面扁平，被一对很大的发光器所覆盖，该大型发光器可能就起视觉的作用。

4. 会爬树的鱼。攀鲈栖息于静止、水流缓慢、淤泥多的水体。当水体干涸或环境不适时，常依靠摆动鳃盖、胸鳍、翻身等办法爬越堤岸、坡地，移居新的水域，或者潜伏于淤泥中。攀鲈的鳃上器非常发达，能呼吸空气，故能离水较长时间而不死，在水体缺氧、离水、或在稍湿润的土壤中，攀鲈可以生活较长时间。攀鲈以小鱼、小虾、浮游动物、昆虫及其幼虫等为食。为了捕食空中昆虫，它常依靠头部发达的棘、鳃盖、胸鳍等器官攀爬上岸边树丛。

5. 会飞的鱼。燕鳐鱼体长而扁圆、略呈梭形。一般体长20~30厘米，体重400~1500克。背部颇宽，两侧较平至尾部逐渐变细，腹面甚狭。头短、吻短、眼大、口小。牙细，上下颌成狭带状。背鳍一个于体的后部与臀鳍相对。胸鳍特长且宽大，可达臀鳍末端；腹鳍大，后位，可达臀鳍末端。两鳍伸展如同蜻蜓翅膀。

6. 溺死在水中的鱼。鱼有鳃，可以在水中呼吸，鱼有鳔，可以在水中自由地沉浮。可是，有人说生活在水中的鱼也会溺死，这是真的吗？

水中的"冷血"漫步者 鱼

110

　　虽然这听起来很荒谬，但却是事实。鱼鳔是鱼游泳时的"救生圈"，它可以通过充气和放气来调节鱼体的比重。这样，鱼在游动时只需要最小的肌肉活动，便能在水中保持不沉不浮的稳定状态。不过，当鱼下沉到一定水深（即"临界深度"）后，外界巨大的压力会使它无法再调节鳔的体积。这时，它受到的浮力小于自身的重力，于是就不由自主地向水底沉去，再也浮不起来了，并最终因无法呼吸而溺死。虽然，鱼还可以通过摆动鳍和尾往上浮，可是如果沉得太深的话，这样做也无济于事。

　　另一方面，生活在深海的鱼类，由于它们的骨骼能承受很大的压力，所以它们可以在深水中自由地生活。如果我们把生活在深海中的鱼快速弄到"临界深度"以上，由于它身体内部的压力无法与外界较小的压力达到平衡，因此它就会不断地"膨胀"直至浮到水面上。有时，它甚至会把内脏吐出来，"炸裂"而死。

第三章 鱼各部位的功用

鱼，相伴人类走过了五千多年历程，与人类结下了不解之缘，成为人类日常生活中极为重要的食品与观赏宠物。鱼不仅营养丰富，而且美味可口。古人有"鱼之味，乃百味之味，吃了鱼，百味无味"之说。老祖宗造字，就将"鲜"字归于"鱼"部，而不入"肉"部，将鱼当作"鲜"的极品。鱼类的蛋白质含量约15%~24%，所以鱼肉是很好的蛋白质来源，而且这些蛋白质吸收率很高，约有87%~98%都会被人体吸收。鱼类的脂肪含量比畜肉少很多，而且鱼类含有很特别的ω-3系列脂肪酸，例如二十碳五烯酸）及二十二碳六烯酸。

　　此外，鱼油还含有丰富的维生素A及维生素D，特别是鱼的肝脏含量最多。鱼类也含有水溶性的维生素B$_6$、B$_{12}$、烟碱酸及生物素。鱼类还含有矿物质，最值得一提的是丁香鱼或沙丁鱼等，若带骨一起吃，是很好的钙质来源；海水鱼则含有丰富的碘；其他如磷、铜、镁、钾、铁等，也都可以在吃鱼时摄取到。鱼用鳍游泳，当它们运动的时候，身体各部分也跟着一起协调运动。鱼的身体表面有鳞（有些无鳞），体型多呈流水状，都用鳃呼吸，靠鳍运动。雌雄异体，用泄殖孔来排便和产卵，用卵繁殖后代，终生生活在水里。本章就简单介绍一下鱼各部位的功用与价值。

鱼鳍的作用

就广义而言，鳍的作用是游动及平衡的器官；若以狭义的解释，则各种鳍的用处皆不相同。如中央鳍的作用是平衡鱼体，防止头尾左右摆动和左右滚动。又如伸展胸鳍，利用水的阻力可把游动的鱼体弄停。若是只伸展一面的胸鳍，遇到阻力后，鱼体便会改变方向，游向伸展胸鳍的一方。腹鳍亦能像胸鳍控制鱼身，停止前进。胸鳍和腹鳍能防止头尾上下停动，稳定鱼体。如改变胸鳍和水平线的角度，

113

则能藉以浮沉。鱼的尾鳍是最主要的推进器官，使其沉稳地向前移动。排列在脊柱两侧有对称的肌肉，一侧肌肉收缩，另一侧肌肉伸展，因此鱼体才得以顺利摆动，产生前进的动力。

尾鳍：左右摆动，推动鱼体前进；决定运动方向，若失去，鱼不会转弯；胸鳍：当尾鳍不运动时，胸鳍向鱼体两侧张开，作前后摆动时，鱼体前进；一侧胸鳍摆动时鱼体向不动的一侧转弯；平衡，若失去，鱼体会左右摇摆不定；腹鳍：摆动范围不大，向两侧略展，保持鱼体稳定；背鳍：保持鱼体侧立，对鱼体平衡起着关键作用，若失去，会失去平衡而侧翻；臀鳍：协调其它各鳍，起平衡作用，若失去，身体轻微摇晃。

鱼鳞的功用

　　鱼鳞，占鱼体重2%～3%。从外表上看，鳞片是透明的，像花瓣，且边缘呈微小的卷曲，白色光泽，略带有鱼腥味，质地坚且柔软，含水量范围16.4%～17.8%，平均为17.5%。营养学家研究发现，鱼鳞是特殊

的保健食品。它含有较多的卵鳞脂，把脂肪球分解成乳状液与水交溶，有增强人脑记忆力、缓延细胞衰老的作用。鱼鳞中含有多种不饱和脂肪酸，可减少胆固醇在血管壁的沉积，促进血液循环，起到预防高血压及心脏病的作用。鱼鳞中还含有丰富的多种微量矿物质，尤以钙、磷含量高，能预防小儿佝偻病及老人骨疏松与骨折。

　　鱼鳞是鱼真皮层的胶原质生成的骨质，学名为鱼鳞硬蛋白。它在医学、化工领域，也都显示出了不凡的作

115

下鳞集中，再用清水漂洗沥干，放进高压锅内，加入适量的醋(除腥昧)，以500克鳞加800克水的比例，用大火煮10分钟，再改用文火煮20分钟，熄火减压。开锅将卷缩的鳞片及杂渣捞出，液体倒入容器中，静止冷凝成色胶蛋白。作羹汤，以姜片、黄酒、盐和葱等佐料，间隔切块再煮沸维食。若冷食，以白糖、薄荷油、桂花或芝麻酱、辣香油为佐料，切块搅拌啖之。劝君不妨按上述制法一试，既可尝到可口的佳肴，又能获得滋补健身的效益。

用。从鱼鳞中提取 的 6-疏代乌嘌呤，临床治疗急性自血症，有效率为70%～75%；并对胃癌、淋巴腺瘤亦有奇效。从鱼鳞中可以提取出一种特殊工业品——鱼银，鱼银是一种昂贵的生化试剂，用于珍珠装饰业和油漆制造业，国内外市场很畅销。

综观鱼鳞，集多种营养保健物质于一身，故国外掀起了"鱼鳞食疗热"。鱼鳞的烹饪方法是：先用清水洗净鱼体，刮

【知识百花园】

鱼鳞的功用

117

（1）在鱼肚部的鳞，银光闪闪，能反射和折射亮光，犹如一面镜子，从而使底下凶猛的水生动物眩目，产生天水一色，不辨物体，成为天然的伪装。

（2）鳞为鱼体提供了一道保护屏障，使它与周围的无数微生物隔绝，有效地避免感染和抵抗疾病。

（3）鳞为鱼的一层外部骨架，使鱼体保持一定的外型，又可减少与水的摩擦。此外，生物学家根据鳞片上环生的年轮（每轮表示过一冬），可判断鱼的年龄，也可较为正确地掌握其生长、死亡率及健康状况。

鱼鳔的作用

鱼鳔，俗称鱼泡，其主要成分为高级胶原蛋白、黏多糖，并含有多种维生素及钙、锌、铁、硒等多种微量元素。现代中药学认为：鱼鳔味甘性平、养血止血，补肾固精。用鱼鳔配合中药可治疗消化性溃疡、肺结核、风湿性心脏病、再生障碍性贫血及脉管炎等疾患。最近，我国医务工作者还发现鱼鳔能增强胃肠道的消化吸收功能，提高食欲，有利于防治食欲不振、厌食、消化不良、腹胀、便秘等症，鱼鳔还能增强肌肉组织的韧性和弹力，增强体力，消除疲劳；又能滋润皮肤，使皮肤细腻光滑；还能加强脑与神经及内分泌功能，促进生长发育，

维持腺体正常分泌，并可防治智力减退、神经传导滞缓、反应迟钝、小儿发育不良、产妇乳汁分泌不足、老年健忘失眠等，由于鱼鳔含有大量胶汁，又具有活血、补血、止血、御寒、祛湿等功效，所以能

提高机体免疫力。

　　鱼鳔最重要的功能，是通过充气和放气来调节鱼体的比重，从而调节硬骨鱼身体内外的水压平衡和控制身体沉浮。这样，它们在游动时，只需要很少的力量，就能在水中保持不沉不浮的稳定状态。海水的压力随着海水的深度而增加，压力增大对于想到海底一游的鱼儿来说是个障碍。所以当鱼想下降到深水层时，会从鱼鳔中排出一

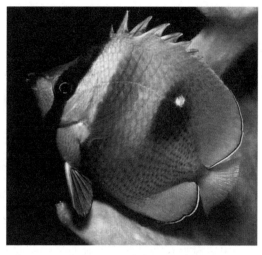

部分气体，使鱼体增如比重，下潜就容易多了。反之，如果要上升到较高的水层时，要充填一部分气体，使鱼鳔膨胀起来。

此时，鱼体的密度小于周围水体的密度，鱼就浮上水面。鱼鳔能使硬骨鱼类随心所欲地漫游海洋成为可能。

119

鱼鳃的作用

　　鱼的呼吸系统是鳃。在鱼头的两侧，分别有两块很大的鳃盖，鳃盖里面的空腔叫鳃腔。掀起鳃盖，可以看见在咽喉两侧各有四个鳃，每个鳃又分成两排鳃片，每排鳃片由许多鳃丝排列组成，每根鳃丝的两侧又生出许多细小的鳃小片。鱼在水中时，每个鳃片、鳃丝、鳃小片都完全张开，使鳃和水的接触面积扩大，增加摄取水中所溶解的氧的机会。在鳃小片中有微

血管，这里的表皮很薄，当血液流过这里时就完成了气体交换：将带来的二氧化碳透过鳃小片的薄壁，送到水中；同时，吸取水中的氧，氧随血液循环输送到身体各部分去。由于口部和鳃盖的交替开闭，可以使水不断地由口进入口腔，经咽到达鳃腔，与鳃丝接触，然后由鳃孔排到外面，鱼类的呼吸作用就是在这个过程中完成的。

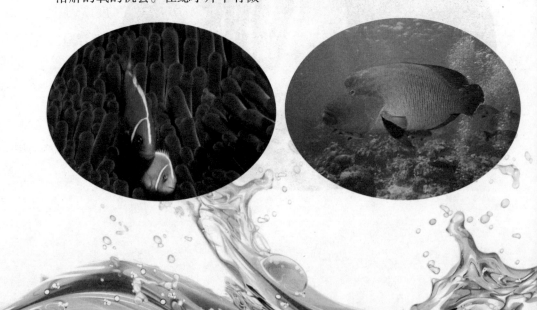

鱼皮的营养功效

鱼皮，又叫鱼唇。是采用鲨鱼皮经过加工制成的素负盛名的海味干品。每年农历3～12月均有生产。鱼皮由各种鲨鱼皮加工而成，以体厚身干、皮上无肉、洁净无虫伤者为好；分雌雄两种，具有胶质，营养价值和经济价值较

121

高。我国沿海各地区均产，福建、浙江、山东为主要产区。主要品种有：犁头鳐皮、虎鲨皮、公鱼皮、老鲨皮、青鲨皮和真鲨皮等。犁头鳐皮黄褐色，皮厚坚硬，质量最佳；虎鲨皮用豹纹鲨和狭文虎鲨的皮加工制成，皮厚坚硬，黄褐色；公鱼皮是用沙粒魟的皮加工制成的，灰褐色，皮面有颗粒状的骨

鳞；老鲨皮较厚，有尖刺，灰黑色；青鲨皮为灰色或灰白色。

鱼皮含有丰富的蛋白质和多种微量元素，其蛋白质主要是大分子的胶原蛋白及粘多糖的成分，每100克干鲨皮中含蛋白质67.1克、脂肪0.5克，是女士养颜护肤美容保健佳品，近年医学研究发现，鱼皮中的白细胞素——亮氨酸有抗癌作用。鱼皮味甘咸、性平，具滋补功效，对于胃病、肺病也有很好的疗效。

南梁《名医别录》将鱼皮作为药物收载，对其性味、功效有较深的认识。

据《新唐书》记载，鱼皮已作为贡品。现在鱼皮常用于筵席，作为主菜，仅次于鱼肚。《随息居饮食谱》指出鱼皮可"解诸鱼毒，杀虫，愈虚劳"。

【知识小百科】

鱼皮衣服

　　鱼皮文化是北纬45°以上区域内存在的特色文化。虽然历史上众多民族都曾有过鱼皮文化，但从清代至今只有黑龙江省同江市街津口乡的赫哲族将之传承沿袭下来。传统的鱼皮技艺包括一整套复杂的加工过程，过去赫哲族妇女都能熟练掌握这一技艺。20世纪50年代以前，赫哲人大都喜欢穿用鱼皮面料做成的服装，主要有套裤、手套、绑腿和妇女穿的长衣。后来由于制作工艺复杂、成本高昂等原因，鱼皮面料逐渐被其他材质所取代，这种传统手艺也渐渐失传。

　　做鱼皮衣服的材料是经过认真选择的，并不是什么鱼皮都可做衣服。首先，要选择比较大的，一般都选用十几斤或几十斤的。另外，在长期的实践中，赫哲人针对当地各种鱼皮的特点，逐步摸索并掌握了适合做不同衣物的材料：胖头鱼、狗鱼、捣子鱼的皮，是做鱼皮线和裤子的材料；大玛哈鱼、细鳞、哲罗、鲤鱼等可做手套；槐头鱼皮较大，适合做套裤、口袋以及绑腿、鞋帮等。除鳇鱼皮制品结实耐用能防浸水膨胀腐烂、适合夏天穿着外，其他鱼皮制品均为冬季不下水时穿用。

鱼籽的营养价值

鱼籽,是鱼卵腌制或干制品的统称。用大麻哈鱼卵加工制成的称为红鱼籽;用鲟鳇鱼卵制成的为墨鱼籽。还有鲐鱼籽、大黄鱼籽等。鱼籽的蛋白质含量高,脂肪多。食用时加配料和适量的水搅成糊状后蒸、炒,也可做凉拌菜。

鱼籽是一种营养丰富的食品,其中有大量的蛋白质、钙、磷、铁、维生素和核黄素,也

124

富有胆固醇,是人类大脑和骨髓的良好补充剂、滋长剂。鱼籽每100克含有水分63.85～85.29克;脂肪0.63～4.19克;粗蛋白质12.08～33.01克;粗灰分1.24～2.06克(粗灰分又含有大量的磷酸盐和石灰质,其中磷酸盐的平均含量达到了46%以上,是人脑及骨髓的良

好滋补品）。卵中维生素A、B、D的含量也很丰富、而维生素A可以防止眼疾，维生素B可防治脚气和发育不良，维生素D可防治佝偻病。此外，鱼卵中还含有丰富的蛋白质和钙、磷、铁等矿物质，以及大量的脑磷脂一类营养。这些营养素对人体，尤其是对儿童生长发育极为重要，又是我们日常膳食中比较容易缺乏的。

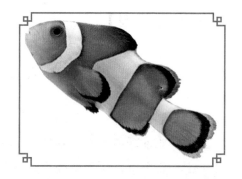

　　所以，从营养的角度来说，孩子吃些鱼籽是无妨的。但要注意老人尽可能少吃，因鱼籽富含胆固醇，老人多吃无益。孩子吃鱼籽是不会变笨的，有些老年人，说小孩子吃鱼籽会不识数、会变笨是没有

科学道理的。鱼籽中还含有多种维生素。因此，多吃鱼籽，不仅有利于促进发育、增强体质、健脑，而且还可起到乌发的作用，使人焕发青春。不过得吃少污染区域的鱼。因为鱼头部和鱼籽的农药残留量高于鱼肉的5~10倍。所以购买鱼籽要选健康无污染的。另外，吃什么都要适量，鱼籽胆固醇和蛋白质较高，过量食用无益于吸收。

125

【知识百花园】

鱼籽酱

鱼籽酱又称鱼子酱。鱼籽酱含有丰富的有价值的营养成份，如蛋白质（精氨酸蛋白、组氨酸蛋白、异亮氨蛋白、赖氨酸蛋白、蛋氨 酸蛋白）、脂肪（胆固醇、磷质）、维生素（维生素A、维生素B、维生素C、维生素B2、维生素B6、维生素PP、维生素B12），还含有钙、铜、镁、铁和磺等微量元素，另外含有淋巴糅和维生素B3酸，具有非常显著的保健作用。

即使是十分注意自己身材的人们也无需放弃享受鱼籽的美味。100克鱼籽中仅含230大卡热量。另外，鱼籽还有安神的作用。它对预防精神崩溃有极好的作用。在食用鱼籽之后，人好像在用另一种眼光看待世界。

鱼子酱的保健作用明显体现在：

1. 增强人体免疫功能；

2. 补充人体所需的微量元素，增强人体体质；

3. 可滋阴增强体力，对于肥胖、腰膝时常酸软者很有帮助；

4. 增加皮肤营养，保持皮肤光滑润洁；

5. 安神补脑，缓解焦躁不安，平定情绪。

鱼胶的功用

由于鱼胶中含有大量的胶原蛋白质，且易于吸收和利用，因而备受人们的青睐。现在市面上较多的鮸鱼胶和深海里的大鱼胶，俗称"莽撞胶"，都是含胶质极其丰富的鱼加工而成的。这些鱼胶含有极其丰富的蛋白质、维他命、矿物质等人体必需元素。

现代中药学认为，鱼胶能增强胃肠的消化吸收功能，提高食欲，有利于防治食欲不振、消化不良、便秘等病症；能增强肌肉组织的韧性和弹力，增强体力，消除疲劳；能加强脑神经功能，促进生长发育，提高思维和智力，维持腺体正常分泌；可防治反应迟钝、小儿发育不良、产妇乳汁分泌不足、老年健忘失眠等。由于鱼胶含有大量胶汁，又具有活血、补血、止血、

水中的"冷血"漫步者 鱼

组成的网状结构支撑着皮肤，使肌肤看起来光滑饱满、柔软又富有弹性。随着年龄的增长，皮肤组织中的胶原蛋白流失的速度渐渐超过了生成的速度，于是皮肤失去弹性变薄老化，出现松弛、皱纹、干涩等现象，所以适时补充胶原蛋白，可使皮肤恢复青春活力。

御寒祛湿等功效，所以能提高免疫力，对于体质虚弱、真阴亏损、精

鱼胶是由鱼体组织的胶原制成的水产品，是构成结缔组织的主

128

神过劳的人士，作为进补更为合适。

除此以外，鱼胶还是女性补充胶原蛋白的最佳选择。人体皮肤中的蛋白质有70%是胶原蛋白，所

要纤维状蛋白质，其特点是热变性温度低于陆产哺乳动物胶原，因而容易胶化。其制品的融点、冻点和冻力等也相应较低。鱼胶的种类有明胶、粗胶、鱼漂胶等。

（1）明胶。明胶由生产鱼片时剩下的不带内脏、血、肉等的皮和鳞制成。原料经洗净、石灰水浸泡处理、浸酸脱去鱼鳞中的磷酸钙、漂洗、中和、胶化、过滤、凝冻、切片和干燥即成。明胶纯度高、透明度和粘度大、冻力强，主要用于制造培养基、珂版、感光胶片等，也可用于食品工业。

（2）粗胶。将与血、肉、内脏混杂在一起的头、尾、骨等粗胶原料清洗

后，在加压釜中以蒸汽加热，再经压滤或高速离心分离，除去杂质和鱼油后，蒸发浓缩到50%浓度，再加入防腐剂和香料即成。在常温下不凝冻，使用方便，是木材、皮革等的胶粘剂，也是火柴、砂轮制造中的粉末粘合剂。

剂和果汁果酱的增稠剂。此外，优质大黄鱼片胶又称鱼肚，是传统的海珍品。黄唇鱼胶是名贵滋补品。鱼胶用作酒类的澄清剂，久已用于啤酒的澄清，提高清凉度，相应提高冷冻稳定性，而且对缩短后熟周期有一定作用。

（3）鱼鳔胶。鱼鳔水洗除去粘液、血污后，剥去内、外层薄膜，较大而厚的单独干燥成片胶；较小而薄的则数片叠在一起碾压成圆形或带形，干燥后称为圆胶或带胶。色微黄、半透明、质强韧，稍有鱼腥味，用于啤酒等饮料的澄清

第四章 鱼文化

从远古狩猎、采集时代开始，鱼一直与人类生活密切相关。在长期的历史发展中，人类赋予鱼以丰厚的文化内涵，形成了一个独特的文化门类——鱼文化。中国是渔业大国，更有着悠久的捕鱼史，中华民族在长期的渔业劳动中所形成的鱼文化，伴随着灿烂的传统文化一起发展，成为中国传统文化宝库中的一颗明珠，也为中国文化史挥就了浓墨重彩的一笔。

　　鱼在民间吉祥图案中，是流传极广的装饰形象。鱼纹饰图如石刻、玉雕、彩陶、纺织、刺绣和剪纸等工艺美术作品中，众多的鱼形，其形态生动，造型优美，都成为民间美术中的珍品。在传统图案中如"年年大吉"图，是由两条鲶鱼和几个橘子组成，以鲶谐"年"橘谐"吉"表示年年吉祥如意之愿望；"连年有余"图，是莲花与鲤鱼组成，借莲与"连"鱼与"余"的谐音，表示对生活优裕，财富有余的观念；"双鱼富贵"图，是以两条鲤鱼与盛开的牡丹花组合，寓意劲劲生机，给人们带来幸福美满，和谐昌盛之意；"双鱼戏珠"图，是用两条鱼、宝珠和浪花相组合，"珠"是财富的象征，浪花比喻财源滚滚来，此图多为商家置于店堂，有生意兴隆，得利丰厚之寓意。"鱼跃龙门"图，以鲤鱼，龙门和浪花相组合。传说每年春季，有许多大鲤鱼游至龙门山下，跳跃过龙门而化为龙，不能跳过仍为鱼。以此比喻旧时科举制的考中者，赞其光宗耀祖，前途远大。后来经文人加工改造，则成为比喻人的事业与希望，寓意只要努力奋斗，不懈拼搏，定能获得成功。

鱼文化的产生

早在旧石器时代，我们的祖先就已从事捕鱼作业，这在考古发现中已被证实。1983年，我国考古学家在辽宁省海城县位于一条叫海城河的右岸的小孤山仙人洞遗址中，出土了一枚用鹿角制作的用来射鱼的用具"鱼镖头"，加工采用了锯切、研磨等方法，在鱼镖头上还制成倒钩、正钩、锐尖和利刃，这是迄今为止发现最早的捕鱼工具，由

此可见当时的加工技术已经大有发展。此外1955年在河北省唐山市大城山遗址还出土了属新石器时代的一枚鱼镖和二枚鱼钩，鱼钩一枚长4厘米左右，另一枚仅长2厘米左右。并在鱼钩上使用了倒钩技术；1958年在黑龙江省宁安县牛场遗址发现属新石器

时代一枚鱼钩；1952年在河南省郑州市商代遗址发现属商代的三枚鱼钩；1958年在辽宁省朝阳县十二台营子青铜短剑墓发现属春秋末战国初的一个渔钩坠子（和现在用的铅片、铅块作用相同），同时也发现了三枚鱼钩。

新石器时代的出土文物中还有骨质的鱼钩，有郑州出现的商朝早期遗址的出土器物中，有青铜制的鱼钩，在北京周口店山顶洞人遗址，已经有涂红、穿孔的草鱼眶上骨出土，作为一种饰物，它表明鱼

与当时人们的生活已有着十分密切的关系。在新石器时代的磁山文化遗址、仰韶文化遗址、良渚文化遗址、大溪口文化遗址、河姆渡文化遗址、红山文化遗址及龙山文化遗址等处，都有各种捕鱼工具，如带索鱼镖、骨质鱼钩、石质陶质网坠等物出土，沿海地区也出现了磨制石器渔具，如石制、陶制的网坠、骨制的鱼钩、鱼叉、鱼镖和织网用的骨针。这又充分展示了远古时代渔业的繁荣。

从考古发现来看，人类用以

捕鱼的工具已十分精
细、实用，可见当时
人类的生活已与捕鱼
业十分密切。随着劳
动的深化，鱼类不仅
作为人类食物的可靠
来源，同时也构成其
精神世界的神秘意

象。鱼骨作为最早的饰物，决非原
始人类唯美情感的宣泄，而出于对
自然力的崇拜，并寄托着同化于大
自然、受惠于大自然的祈望。北京
周口店山顶洞人遗址出土的涂红、
穿孔的草鱼眶骨，为我们提供了这
一判断的最早实证。而仰

韶文化遗址出土的彩陶鱼图、河姆
渡文化遗址出土的玉璜、玉块鱼
图，更使中国鱼文化发展到了早期
的高峰。鱼类一旦摆脱了单纯的食
用价值，成为人类物质生产与精神
创造的对象，鱼文化的系统便开始
形成了。

鱼的姓氏源流

鱼姓在内地和台湾都没有列入百家姓前100位。鱼姓至今仍罕见，但唐代有位著名的女道士兼女诗人名叫鱼玄机，或许很多人都知道。鱼姓源于子姓，其始祖是春秋时宋襄公的弟弟子鱼。子鱼足智多谋，常为宋襄公出谋划策，但宋襄公却儒腐古板，常吃败仗。宋、楚之间的泓水之战，子鱼劝襄公趁楚军渡河之际进攻敌人，襄公不从，待楚军渡过泓水，子鱼又劝襄公趁楚军阵势未列、立足未稳之际击退敌人，襄公仍不从，襄公认为照子鱼的说法打仗对敌人太不讲仁义了，可想而知，宋军最终一败涂地。襄公因此成为国人的笑柄，而子鱼论战却因此名垂青史，子孙后代从此为其家族的荣耀，以其名为氏，是为鱼氏。

136

◎ 出自子姓

春秋时，宋襄公的弟弟公子目夷字子鱼。宋襄公想当中原霸主，约会齐、楚等国在盂会盟，临行前子鱼说："楚人不讲信用，我们应该带军队作警卫。"宋襄公却认为已约好大家都不带军队，不听劝告，结果在会上被楚人扣留。子鱼逃回宋国，组织宋人抵抗，迫使楚王放回襄公。不久宋、楚两国又在泓水交战，子鱼劝襄公趁楚军半渡而击，襄公认为这样作不道德，不同意。等楚军一切准备就绪，弱小的宋军就吃了败仗。战后子鱼批评襄公说："打仗就应当尽一切办法战胜敌人。假如你在作战时要讲仁义，那只有投降了。"子鱼的后世子孙有一支以祖父的字为姓，称鱼姓。

◎ 出自他姓所改

唐代时，鲜卑族人大将军尚可孤，拜唐朝监军鱼朝恩为养父，并改名为鱼智德，他的后代相传也有姓鱼的，为冒姓鱼氏。

得姓始祖：子鱼。据《通志·氏族略》上说得清楚："《风俗通》说：'宋桓公子目鱼，字子鱼，子孙以王父字为氏。'汉代有鱼翁叔，唐代有鱼朝恩。"《姓氏考略》指出："子姓，宋公子子鱼之后，以字为氏，望出冯翊。鱼氏系出子姓，郡为雁门，源自山西。"望族居雁门郡（今山西省代县西北）。故氏后人奉子鱼为鱼姓的得姓始祖。

137

【知识百花园】

鱼姓名人

　　鱼姓家族在我国早期历史上表现不俗，《左传》就载有官拜右师的鱼石；汉时有鱼翁叔，以业贾致富而传名；三国时有史学家鱼豢，官拜右将军的鱼遵；唐中叶有权倾当朝的大宦官鱼朝思；宋有御史中丞鱼周恂……等，这些都是留名史册的人物。

　　鱼　侃：明朝永乐年间进士，历任开封知府，为人光明正大，铁面无私，秉公执法。当时人们称他"包老"，将他比作包公。

　　鱼朝恩：唐朝人。宝应时领军迎代宗于华阴。封为天下观军容、宣慰、处置使，专领神策军，势倾朝野，滥杀无辜，籍没资产，积财钜万，代宗恨其跋扈，缢杀之。

　　鱼玄机：唐朝女诗人，长安人。她于长安咸宜观出家为道，与温庭筠等以诗篇相赠答。后因杀侍婢绿翘而被处死。著有《鱼玄机诗》。

　　鱼崇谅：宋朝人。幼能属文，仕后唐为陕州司马，后晋时拜翰林学士，以文章著称。太宗时授金紫光禄大夫，兵部侍郎。

漫话鱼的传说

千百年来，流传着许许多多有关鱼的传说。例如"嫂子鱼的传说""赤磷鱼传说""兴国'三鱼'传说"等等，这些来自渔民的捕鱼生产实践，并加以想象和创造的鱼类故事，既是美丽坳人的传说，又是鱼文化宝库中的瑰宝。

◎ 鱼名由来的传说

我国海域辽阔、江河交错、鱼类繁多。有些鱼的名字，沾历史名人的光而出名。摭拾于下，与君共赏：

（1）被赋予国姓的郑成功，率兵抗击荷夷入侵台湾时，从福建带去珍稀的香鱼，放养于台湾岛繁殖，遂成为台湾延席上佳肴。后人

为怀念国姓爷，特将鱼名取为国姓鱼。此鱼，窄长侧扁，头小吻尖，

口大眼小，体披细鳞，有特殊香味。

（2）朱元章在瓯江(今浙江省

温州市大水系)船上与开国功臣刘伯温对饮畅谈,至五更时酒菜殆尽。远处渔火点点,朱元章令随从去买鱼。不料买来的却是小鱼,朱元章欲发怒,刘伯温拱手相告:"主公逢上好兆头。这小鱼俗呼渡鱼。这个'渡'字,恰是主公渡江北上征伐;现又值五更,不就是'五朝圣',预兆成功"嘛?朱元章听了大喜,说"若真是这样,我封你为国师,这鱼就封为国师鱼。"此鱼,体长盈寸,头椭圆,

少骨刺,白肚褐背,烘干香酥,是佐酒的佳馔。

(3)南宋哲学家朱熹,任同安(今福建省境内)主符时,有一天在县衙伏案疾书,忽闻鳄鱼精追食百姓,即步出衙门,将朱笔朝鳄鱼精掷去,巧中鱼喉,鱼死后化作小虫。因小虫在"文昌帝君"诞辰时特别多。故名文昌鱼。此鱼,头尖小,无鳍,无鳞,无脊椎,连眼睛也没有,动物学家称"鱼类的祖先"。

（4）西汉时，美女王昭君出塞前，回故乡与亲人告别。当她到水潭边，弹起琵琶，将满腔离情化作哀怨悲切的琵琶声，使潭边的桃花也为之伤感，落英缤纷。昭君的泪珠不断地滴在漂浮的桃花瓣上，使其变成有生命力的桃花鱼。此鱼，形似桃花，晶莹透明，是一种桃花水母。它繁衍在湖北省巴东县长江南岸。

（5）春秋时期，木工祖师鲁班曾在巢湖边(今安徽省境内)建庙宇，木料的刨花飘落在湖中，变成了毛刀鱼。由于鱼浮在水面，鲁班怕它受伤害，顺手抓一把砂子扔鱼，将它赶到水底。至今该鱼头内仍留有白色小砂粒。此鱼，体侧扁，披圆鳞，嘴大吻短，肉嫩味鲜，油炸味更佳。

（6）战国时代的赵国，有一位隐士名叫琴高，在黄山(今安微省境内)一溪畔炼丹，常把丹渣丢在溪中。后来，丹渣就化成许多小鱼，当地人称为琴鱼。此鱼，

长不盈寸，通体透明，头若鹭首，咀生龙须，眼如龙目。将它焙干，配以茶叶，制成鱼茶泡饮，为名贵的茶品。

◎ "嫂子鱼"的传说

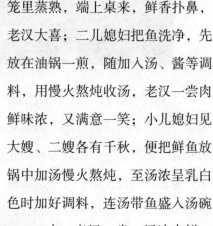

相传在清末清初年间，胶东沿海渔村一纪姓老汉有3个儿子，他们都以打鱼为生，这年逢老汉六十大寿，3个儿媳操厨办筵，老汉让每一个媳妇都做一道鱼，做法不能重样。大儿媳把在娘家学来的手艺亮出来，先把鱼用盐腌入味，再裹鸡蛋煎成金黄色，后放入

142

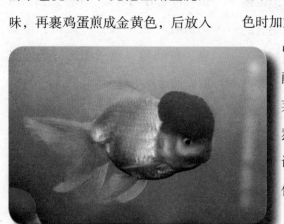

笼里蒸熟，端上桌来，鲜香扑鼻，老汉大喜；二儿媳妇把鱼洗净，先放在油锅一煎，随加入汤、酱等调料，用慢火熬炖收汤，老汉一尝肉鲜味浓，又满意一笑；小儿媳妇见大嫂、二嫂各有千秋，便把鲜鱼放锅中加汤慢火熬炖，至汤浓呈乳白色时加好调料，连汤带鱼盛入汤碗中，老汉一尝，汤浓肉鲜，酸辣可口，便高兴地为三个菜命名：大嫂煎蒸鱼、二嫂熬海鱼、三嫂醋椒鱼。此传说广为流传，至今仍不失为佳话。

◎ 赤鳞鱼的传说

泰山赤鳞鱼，又名石鳞鱼、时鳞鱼，又因其颜色随季节和环境的变化而不同，有金赤鳞、银赤鳞、铜赤鳞、铁赤鳞之别。赤鳞鱼的生活环境很小，非泰山水不能活，有"东不过麻塔，西不

过麻套"

之说。赤鳞鱼肉质细嫩，经烈日暴晒而融化流油，其味道鲜美，刺少无腥，具有"补脑力、生智慧、降浊气、升清气、悦颜色、延高年、明耳目、齿牙坚

固"等功能，可谓鱼中上品。若能一饱口福，确是三生幸事。

相传，泰山脚下有个刘氏老翁，人们都叫他刘翁。刘翁一家地无一垄，只靠他上山打柴挖药为生，遇到阴天下雨，就到黑龙潭钓些赤鳞鱼卖掉，来接济生活，日子过得甚是清苦。

一天，刘翁到泰城卖鱼，正巧碰到赃官吴知县。吴知县独霸一方，他贪赃枉法、欺压百姓、强取豪夺、胡作非为。吴知县见刘翁的鱼与众不同，金灿灿的实在漂亮，就对刘翁说："刘老头，你孝敬我的这几条鱼我收下了。"刘翁气得直瞪眼，可是敢怒而不敢言，只好让他拿走了。

吴知县回到县衙，把鱼放在

144

水里玩够了，又让厨子给他做来吃。鱼刚进锅，吴知县就闻得香味扑鼻，口水早流了一大碗，一端上来，吴知县三下五除二，几口就吃光了，连馋虫还没打下去呢！

第二天一大早，吴知县就差人把刘翁叫来，对他说："老刘头，从今以后，你什么也不用干，每天钓鱼给我吃。"刘翁哪里肯依，忙求道："知县大老爷，我上有老母，下有幼子，一家人全靠我打柴挖

药养活，求大老爷可怜我一家老小，另请高手吧。"

知县却没脸没皮地说："甭不识抬举，今后你只堵我这一张嘴，就免得再为一家几张嘴奔波操劳了，多轻省。不过，如若一天钓不到鱼，我要重打八十大板。"说完便将刘翁赶出门外。没办法，穷人的路就是窄，刘翁只好拿着钓杆上了黑龙潭。

刘翁一天心绪烦乱，惦挂家中，结果到了傍晚也没钓到一条，

只好愁眉苦脸，准备回去吃那八十大板。刘翁正欲收杆，忽觉大鱼咬耳，用力甩杆，几乎将鱼杆拉断，原来是一条大赤鳞鱼。刘翁忙将鱼抓在手里，只见那鱼两眼泪珠滚滚，忽然开口说道："刘公公，我是赤鳞鱼王，家中有一大群儿女，我想出来找些小生灵给它们吃，不想误咬了你的鱼饵。如果你吃掉我，它们就没法活了，再说，从今以后，你也钓不到赤鳞鱼了。"刘翁听后，十分同情，便把它又放回了水中。可刘翁想到自己的心事，也不禁流泪。鱼王见刘翁难过，便游出水面对刘翁说："刘公公，你的身世我知道，我这里有宝珠一颗，带上它饿了可止饥，干了可止渴，冬能暖，夏能凉，你拿去吧。如果遇难事，再来找我。"说完便游回水底。

刘翁揣上宝珠来到县衙，吴知县早等得不耐烦了，见刘翁两手空空，就气不从一处生，差人重打刘翁。衙役将刘翁一脚踢倒，只听"当啷"一声，一棵光彩夺目的珠子从刘翁怀中掉到地上。知县一把抓在手里，贪婪地望着，见珠子闪

闪发光，知道是一颗宝珠，便说："你这穷鬼，哪来的宝珠，这分明是从我家偷的，还不快从实招来！"刘翁为了辩护，便说了实情。知县听说还有一条赤鳞鱼王，

两路，一条大道直通水晶宫，只见水晶宫内珠光宝气，金碧辉煌。鱼王派两员大将把刘翁接进宫，以歌舞酒宴相待。吴知县在岸上看得发呆，忽见潭水合拢，顿时潭水暴涨，冲上堤岸，赃官吴知县和众衙役哪里来得及跑，全都卷进潭中喂了鱼鳖。

不久，潭水复平，鱼王亲自把刘翁送到岸上，把宝珠又还给刘翁。刘翁非常感激，从此再也不去龙潭钓鱼了，有时还特意做些好吃的，撒到潭中喂鱼王的儿女，所以，至今赤鳞鱼繁衍不断。

那鱼王一定还有许多宝珠。只见他三角眼一转，便又生诡计，说道："只要你能让鱼王证明这珠子是她送你的，我就把它还你，否则，你就别想要这条老命。"

吴知县乘上轿子，押上刘翁来到黑龙潭边。那宝珠原来是鱼王的耳目，刘翁的情况她早就听到了。鱼王见刘翁到此，便打开水晶宫的大门，霎时，龙潭水分

◎ 兴国"三鱼"的传说

"九九十八弯，弯弯汇成河，河水清又清，鱼儿一大群。"这是兴国的真实写照，"鱼米之乡"的盛名由来已久。勤劳的渔民唱着渔歌，摇着竹筏，想出了别具一格的兴国"三鱼"，每一道菜后都有一段神奇的传说。

兴国鱼丝寄托着妻子对丈夫的思念。有一年，一个排工的妻子，以鱼肉和薯粉为原料，用制粉干的方法，精心烹制了鱼肉粉丝，在丈夫外出谋生前，用此菜为丈夫送行。这排工吃着鲜嫩的粉丝，不知何物，问起菜名，妻子含情脉脉地说：郎行千里牵奴心，这菜叫"与你相思"。这一年，这个排工早早地带着钱回到家里，让左邻右舍盼郎归的女人们羡慕得眼红心热。这"与你相思"的做法，遂不胫而走。如今，人们不但把鱼丝煮

着吃，而且还出现蒸、炸、煎等多种吃法。

粉蒸鱼的由来缘于夫妻俩的斗智。相传清末，兴国一罗姓船工常到河边捕鱼，日子一长，鱼也吃腻了。一天，他对妻子说，若能做出一道与往日不同的鱼菜，奖她一对镯子。罗家女人想：往日，不是煎就是煮，这回只有试一试蒸了。

于是她在蒸甑里面放上芋头、茄子、豆角之类的蔬菜，拌上米粉、作料，用猛火攻之，待蔬菜熟了，拌好油、盐、生姜等调成的糊汁，洒上葱花后上桌。等木甑上桌掀开木盖时，鱼味四散，夹入口中，活鲜麻辣俱在，不但米粉鱼好吃，下面垫底的蔬菜因沾了鱼味也很可口。后来，此法传开，人们把木甑改成竹制的蒸笼，做法更为简便。现在此菜在兴国广为流传，再加上4个具有客家风味的小菜，就成了毛泽东亲自命名的"四星望

月"。

在"三鱼"中，蝴蝶鱼最具情趣，它的做法是将鱼脊肉切片，拌薯粉，用锤子砸成薄片后，烧开水一汆，鱼片即像蝴蝶般张开双翼，在清清的汤中上下翻飞。蝴蝶鱼汤鲜肉嫩，十分可口，两片离而不断的翅膀，恰如分割不开的兄弟情义。

相传过去有一对小兄弟，父母双亡。后哥哥娶了老婆便想分家。嫂子颇为贤淑，便为哥俩做一道菜。她把切片的鱼脊肉撒上薯粉，让他们用锤子砸。哥俩以为成

149

了肉饼，烧出一看，却是两片相连的肉。嫂子和颜悦色地说："兄弟之情像这鱼片一样，砸烂了肉还连着筋。"哥哥大悟，不再言分家之事。"蝴蝶鱼"也成了兴国客家的传统菜。

◎ "饭鱼"的传说

每年二三月间，在澎湖列岛附近海域，可看到一种鱼成群结队

150

地游来游去。其外形如黄花鱼，全身呈粉白色，脊骨不大，每条少则四五斤，大则可达二三十斤。它有一个奇特名字——饭鱼，源自一个与民族英雄郑成功收复台湾有关的民间传说。

公元1661年，为收复被荷兰殖民者霸占长达38年的宝岛台湾，郑成功亲率25000名将士，分乘350艘战船，从

金门岛料罗湾启航东征。行至柑桔屿附近，不料风起浪涌，舰队难以前行，郑成功只好下令暂驻澎湖。大风连刮五六天，军中粮饷渐渐不支，郑成功也有一天没有吃饭了。一名水手捧着半碗剩饭走到郑成功面前，含泪说："国姓爷，您是主帅，不能饿坏身体啊！"郑成功推辞不过，只好接过饭，猛地向海上倒去，念念有词说："鱼儿鱼儿，来吧！"海面顿时"哗哗"作响，出现成群结队的鱼儿，据说正是郑成功倒下的饭粒变成的。将士十分惊喜，纷纷捕捉，正好

惟独东岸的海蛎是黄色的。传说，朱元璋在南京开创明朝后，天下尚未大定，他亲率大军乘船进攻福建，从乌猪港驶入，过东岸时，这个无赖出身的皇帝，头痒难耐，于是狠抓头皮上的疮疤，不断扔入江中，从那以后，东岸就出现了黄蛎。当然，这只是传说而已。但东岸黄蛎实际上是难得的美味，每年端午节前后两三个月是耙捞黄蛎的旺季，东岸水域就会布满小渔船，热闹非凡。

当饭吃。第二天，郑成功又率大军浩浩荡荡向台湾岛挺进了。

"饭鱼"的神奇传说，是福建民间对郑成功的崇敬而编造出来的。无独有偶，在全国其他地方，也有一些类似的由某物幻化成水中生物的传说。

在福州连江县闽江口的五虎港与乌猪港之间，有岛名粗芦岛，岛上有东岸村，出产的黄蛎既多且大，为闽海有名的特产。在闽江口漫长的海岸线上，所产海蛎均为青色，

山东至浙江沿海和江河中下

152

游及附属湖泊中有一种银鱼，又称面条鱼、面丈鱼、泥鱼。其身体细长，透明柔软，有银光，前腹部呈圆筒状，后腹及尾部侧扁，头部扁平，近似等边三角形，味道鲜美独特。它的怪状也引发了人们奇特的想象。相传它是古代越王勾践或吴王阖闾将未吃完的残鱼弃于水中变成的，所以又名"脍残"。

◎ 松鼠桂鱼的传说

传说，乾隆下江南时，一次曾信步来到松鹤楼酒楼，见到湖中游着条

条桂鱼，便要提来食用，当时那鱼是用作敬神的祭品，不敢食之，但圣命难违，当差的只好与厨师商量，最后，决定取鱼头做鼠，以避"神鱼"之罪。当一盘松鼠桂鱼端上桌时，只听鱼身吱吱作响，

极似松鼠叫声。尺把长的桂鱼在盘中昂头翘尾，鱼身已去骨，并刨上花刀，油炸后，浇上番茄汁，甜酸适口，外酥里嫩，一块入口，满口香。乾隆吃罢，连声叫绝。由于这道菜货真价实，名不虚传，便流传至今，成为人们款待亲朋好友的名菜佳肴。

◎ 大麻哈鱼的传说

相传唐王东征时来到黑龙江边，正逢白露时节，被敌人围困，外无援兵内无粮草，正当唐王一筹莫展之时，一大臣奏道："何不奏请玉皇大帝，向东海龙王借鱼救饥？"玉帝便令东海龙王派一条黑龙带领鲑鱼前来镇守这条江，人马得到鱼吃，力量倍增，大获全胜。马原来是不吃鱼的，自此马便开

153

始吃鱼了，但也只是吃鲑鱼。所以便把鲑鱼叫作"大马鱼"。许多年后，又是白露时节，有一个叫什尔大如的部落首领所率人马被敌人追到乌苏里江边，前无进路，后有追兵，粮草又断，十分危机，此时一谋士便向什尔大如献策言道："何不仿照唐王东征时向东海龙王借鱼以解燃眉？"黑龙闻知，复率鲑鱼来到乌苏里江边，什尔大如得救，便率部在沿黑龙江、乌苏里江一带定居下来，这些人的

貌举世无双，而且身上还有一种扑鼻的异香，使人似醉似痴。虽然王昭君当时出身贫寒，在她少女时代，从来也不涂脂抹粉，但她一出家门，身上飘洒出来的芳香十里外都能闻到，所以人们称她"香美人"。

有一天，王昭君到香溪河边去洗衣服。突然，有一群小鱼闻到王昭君身上的香味，都向她身边游来，其中有一条小鱼居然钻进她的裤筒里，不肯离去。王昭君又惊又羞，捧起那条小鱼细看，小头尖

后代，便是今天的赫哲人，所以每到白露前后，便有大批的鲑鱼来到黑乌两江。赫哲人称"大马鱼"为"达乌依玛哈"，后经演变，就把鲑鱼叫做"大麻哈鱼"。

◎ 香鱼的传说

香鱼原来出产于湖北兴山县王昭君的故乡。王昭君是中国历史上著名的四大美女之一，她不仅美

嘴，体色青黄，鳃盖后方有一卵形橙色斑纹，尾部又细又长，犹如凤尾，全长约10厘米，十分漂亮而又活泼可爱，王昭君就高兴地把它捧回家中去了。

刚巧，王昭君的母亲卧病在床，因家庭贫寒，也无可口食物滋补。王昭君就把这条小鱼烹煮了，给母亲吃。不知是王昭君家中缺盐少酱，无可口佐料，还是王昭君母亲在病中，口苦食甘，总之，王昭君母亲吃了这条鱼，没有啥味道。王昭君为此十分懊恼。她想，香溪里这种小鱼很多，如果这种小鱼味美而质鲜，逢到灾荒年头，这里的乡亲们

也可捉鱼充饥，解燃眉之急。于是，她拣了一个黄道吉日，把自己沐浴后的充满香脂气息的浴水投进溪里。她一边倒浴水，一边唱到："溪百里，生贵鱼，济贫穷，上宴席"。倒着、唱着、唱着、倒着，说也怪，王昭君沐浴后的香脂水，瞬时变成一条条活泼可爱的小鱼，向香河中下游游去。其形状如同王昭君捉到的那条小鱼一模一样，但它的背脊上却长出了一条满是香脂的腔道，并散发出阵阵诱人的芳香。从此，香溪河纵横百里，就有了这种奇特的香鱼。

一眨眼，几百年过去了。后来有人把香鱼从湖北放养到闽南，

闽南也成为香鱼的产地。到了明朝，郑成功率兵驱逐荷倭，开发台湾岛。郑成功也把香鱼带到台北市溪碧潭放养繁殖，试养成功，台湾也就盛产香鱼了。人们为了怀念郑成功，谓之为"国姓鱼"，因为台湾人称郑成功为"国姓爷"。

现在，世界上这种鱼已很稀少，只有我国闽南、台湾局部地区仍有丰富资源。因为香鱼其肉醇厚，肉质细嫩、味美，并有殊香，犹如从香水中捞出来一般，并无其

他鱼腥味，所以评价很高。香鱼不仅是高级宴席上的一道佳肴，还有"淡水鱼之王"的美誉。

台湾诗人连横赞道："春水初添新店溪，溪流停蓄绿玻璃，香鱼上钩刚三寸，斗酒双相去听鹂"。《台湾风物志》评赞香鱼"较杭州西湖'五柳居'、上海松江'四腮鲈'有过之而无不及"。香鱼与王昭君的传奇随着香鱼身份的不断提高不仅蜚声于台湾海峡两岸，而且远播于日本和朝鲜。海外爱国侨胞亲昵地又把"香鱼"称为"乡鱼"。

与鱼有关的故事

◎ 墨斗鱼的故事

墨斗鱼即墨鱼，又称乌贼。其味道鲜美，营养丰富，药用价值高，是海洋奉献给人类的一味美食和良药。食用宜炒、蒸、煮、炖，还可捶烂制成圆溜、雪白、鲜味的墨斗丸，是鱼丸中的上品，烹汤的佳料。

157

民间流传着一个美妙的传说：古时，秦始皇统一中国后，有一年南巡到海边，和随从们都被黄海的美景迷住。一太监观赏得乐不可支，竟将一只装有文房四宝和奏章的白绸袋子丢失在海滩上。天长日久，袋子受大海之滋润，得天地之精英，变为一个小精灵。袋身变

成雪白的肉体，两根袋带变成两条腕须，袋内的墨

究，墨鱼味甘咸、性平，入肝肾二经，有滋肝肾、补血脉、愈崩淋、利胎产、调经带、疗疝瘕之功。墨鱼壳，中药叫"海螵蛸"，是制酸、止血、收敛之常用中药。墨鱼全身都是宝，具有良好的食疗作用。

158

裹在肉体中的墨囊内。小精灵生活在海里，神出鬼没，一遇强敌，即鼓腹喷出墨汁把水搅黑，趁机逃之夭夭。小精灵喷射墨汁，行动神速如贼，故后人又称墨鱼为"乌贼"。

墨鱼不但是人们餐桌上的美食佳肴，也是一种良药。中医研

◎ 美人鱼的故事

传说人鱼是出海人的诅咒。她们上半身美得让人窒息，下半身却是长满鳞片的冰冷鱼尾（有时是一条，有时是分裂的两条），再加上魅惑人心的歌声，无数的水手们就这样被引向不归路。他们虽然很长寿，却仍然会面临死亡，而且据说人鱼没有灵魂。

很多民间传说中都提到美人鱼与人类结婚的故事。大多数情况下，男子偷走了人鱼的帽子、腰带、梳子或是镜子。这样东西被妥善藏好的时候，人鱼会跟他一起生活，一旦被她找到自己的失物，她就会回到海里。一般情况下，人鱼对人类而言是很危险的。他们赠与的礼物会带来不幸，比如引发洪水之类的灾难。在旅途中看到人鱼是沉船的恶兆。他们有时渴望看到凡人被淹死，举一个有名的例

子：莱茵河的萝莱莉。有的时候，他们引诱年轻人跟他们一同到水下生活，在康沃尔和英格兰的一些教堂的长椅上就雕刻着这样的故事。

西南太平洋群岛上的美拉尼西亚人也有类似的神话传说，他们的美人鱼名为"阿达拉"，上半身为人形，下半身为鱼形，居住在太阳里，经由彩虹来到地球，平时隐匿于海上的龙卷风之中。不同于其他美人鱼的是，阿达拉在美拉尼西亚人眼里是一种危险的生物，他们会用飞鱼袭击人类，使他们昏迷不醒甚至死亡。

159

鱼的相关典故

◎ "鲤鱼跳龙门"

很早很早以前,龙门还未凿

开,伊水流到这里被子龙门山挡住了,就在山南积聚了一个大湖。居住在黄河里的鲤鱼听说龙门风光好,都想去观光。它们从河南孟津的黄河里出发,通过洛河,又顺伊河来到龙门水溅口的地方,但龙门山上无水路,上不去,它们只好聚在龙门的北山脚下。"我有个主意,咱们跳过这龙门山怎样?"一条大红鲤鱼对大家说。"那么高,怎么跳啊?""跳不好会摔死的!",伙伴们七嘴八舌拿不定主意。大红鲤鱼便自告奋勇地说:"我先跳,试一试。"只见它从半里外就使出全身力量,像离弦的箭,纵身一跃,一下子跳到半天云里,带动着空中的云和雨往前走。一团天火从身后追来,烧掉了它的尾巴。它忍

着疼痛，继续朝前飞跃，终于越过龙门山，落到山南的湖水中，一眨眼就变成了一条巨龙。山北的鲤鱼们见此情景，一个个被吓得缩在一块，不敢再去冒这个险了。这时，忽见天上降下一条巨龙说："不要怕，我就是你们的伙伴大红鲤鱼，因为我跳过了龙门，就变成了龙，你们也要勇敢地跳呀！"鲤鱼们听了这些话，受到鼓舞，开始一个个挨着跳龙门山。可是除了个别的跳过去化为龙以外，大多数都过不去。凡是跳不过去，从空中摔下来

的，额头上就落一个黑疤。直到今天，这个黑疤还长在黄河鲤鱼的额头上呢。

后来，唐朝大诗人李白，专门为这件事写了一道诗：黄河三尺鲤，本在孟津居。点额不成龙，归来伴凡鱼。"

◎ "沉鱼落雁"

春秋战国时期，越国有一个叫西施的，是个浣纱的女子，五官端正，粉面桃花，相貌过人。她在河边浣纱时，清澈的河水映照她俊

水中的"冷血"漫步者 鱼

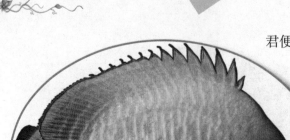

君便得了"落雁"的美称。但是，其实"沉鱼落雁"根本就不是指女子的漂亮。

鱼见了她们就潜入水底、雁跌落至地，这二者，谁知道天下真正的美色是什么？它们都是因为害怕。换句话说，任何一个丑八怪都可以导致"沉鱼落雁"的结果。因为鸟鱼根本不懂得毛嫱、丽姬是否美丽，只是因为高度的警觉，在求生本能下，听见、看见一点异常

俏的身影，使她显得更加美丽，这时，鱼儿看见她的倒影，忘记了游水，渐渐地沉到河底。从此，西施这个"沉鱼"的代称，在附近流传开来。

汉代王昭君是个才貌双全的美人。汉元帝为了安抚北匈奴，就选她与单于结为姻缘。在离家的途中，她看到远飞的大雁，不由得引起无尽的乡思，触景生情她弹起琴弦。一群飞雁听到琴声竟忘记了抖动翅膀而跌落在地上。昭

162

的动静就赶紧躲藏起来，保护自己。所以庄子才会说，谁知道什么是真正的美丽呢？

因此，庄子当初讲这个故事，其实不是称赞女性的美貌，而是说美貌没什么意义。但后来，大家在称赞一个女人长得很漂亮时，就说她有"沉鱼落雁"的容貌。

◎ "东坡鱼"

"五柳鱼"是浙江杭州西湖的一道名菜，其味道鲜美、喷香诱人，深为人们所喜食。人们在享用时，又常把"五柳鱼"叫做

"东坡鱼"，这是为什么呢？

苏东坡是我国宋朝的一位美食家。相传，有一次，他让厨师做道鱼肴开开鲜。厨师送来后，只见热腾腾、香喷喷，鱼身上刀痕如柳。东坡食欲大开，正欲举筷子品尝，忽见窗外闪过一人影，原来是好友佛印和尚来了。东坡心想："好个赶饭的和尚，我偏不让你吃，看怎么办？"于是顺手将这盘鱼搁到书架上去了。

佛印和尚其实早已看见，心想："你藏得再好，我也要叫你拿出来。"东坡笑嘻嘻地招呼佛印坐下，问道："大和尚不在寺

163

院，到此有何见教？"佛印答道："小弟今日特来请教一个字？""何字？""姓苏的'苏'怎么写？"苏东坡知道佛印学问好，这里面一定有名堂，便装着认真地回答："'苏'字上面是个草字

就把鱼拿下来吧。"苏东坡这才恍然大悟，佛印说来说去还要吃他的那盘五柳鱼。

后来有一次，佛印听说苏东坡要来，就照样蒸了一盘五柳鱼，心想上次你开我玩笑，今日我也难

头，下边左是'鱼'，右是'禾'字。"佛印又问："草头下面左边是'禾'右边是'鱼'呢？""那还念'苏'啊。""那么鱼搁在草头上边呢？"苏东坡急忙说："那可不行。"佛印哈哈大笑说："那

难你。于是就顺手将鱼放在旁边的罄里。

不料苏东坡早已看见，只是装着不知道。他对佛印说："有件事请教：我想写副对联，谁知写好了上联，下联一时想不出好句

子。"佛印问："不知上联是什么？"苏东坡回答说："上联是'向阳门第春常在'。"佛印不知道苏东坡葫芦里卖的是什么药，几乎不加思索地说："下联乃'积善人家庆有余'。"苏东坡听完，佯装惊叹道："高才，高才！"原来你磬（庆）里有鱼（余）呀！快拿出来一同分享吧。佛印这才恍然大悟，知道上了苏东坡的"当"。但他还想"戏弄"一下苏东坡，一看，一条清蒸的西湖鲜鱼，身上划了5刀。便笑咪咪地说："五柳鱼

呗，这条'五柳鱼'算给你'钓'到了，不如叫'东坡鱼'算了。"

从此以后，人们把"五柳鱼"又叫"东坡鱼"，而且这道西湖名菜名气也越来越大，一直流传到今天。

◎ "姜太公钓鱼——愿者上钩"

姜尚因命守时，立钩钓渭水之鱼，不用香饵之食，离水面三尺，尚自言曰："负命者上钩来！"

释义："太公"，即周初的姜尚，又称姜子牙。姜太公用直钩不挂鱼饵钓鱼，愿意上钩的鱼，就自己上钩。比喻心甘情愿地上圈套。

故事：太公姓姜名尚，又名吕尚，是辅佐周文王、周武王灭商的功臣。他在没有得到文王重用的时候，隐居在陕西渭水边一个地方。那里是周族领袖姬昌(即周文王)统治的地区，他希望能引起姬

165

昌对自己的注意，建立功业。

太公常在番的溪旁垂钓。一般人钓鱼，都是用弯钩，上面接着有香味的饵食，然后把它沉在水里，诱骗鱼儿上钩。但太公的钓钩

话，就自己上钩吧!"

一天，有个打柴的来到溪边，见太公用不放鱼饵的直钩在水面上钓鱼，便对他说："老先生，像你这样钓鱼，100年也钓不到一

166

是直的，上面不挂鱼饵，也不沉到水里，并且离水面三尺高。他一边高高举起钓竿，一边自言自语道："不想活的鱼儿呀，你们愿意的

条鱼的。"

太公举了举钓竿，说："对你说实话吧!'我不是为了钓到鱼，而是为了钓到王与侯。"

太公奇特的钓鱼方法，终于传到了姬昌那里。姬昌知道后，派一名士兵去叫他来。但太公并不理睬这个士兵，只顾自己钓鱼，并自言自语道："钓啊，钓啊，鱼儿不上钩，虾儿来胡闹！"

姬昌听了士兵的禀报后，改派一名官员去请太公来。可是太公依然不答理，边钓边说："钓啊，钓啊，大鱼不上钩，小鱼别胡闹！"

姬昌这才意识到，这个钓者必是位贤才，要亲自去请他才对。于是

他吃了三天素，洗了澡换了衣服，带着厚礼，前往番溪去聘请太公。太公见他诚心诚意来聘请自己，便答应为他效力。

后来，姜尚辅佐文王，兴邦立国，还帮助文王的儿子武王姬发，灭掉了商朝，被武王封于齐地，实现了自己建功立业的愿望。

有关鱼的灯谜

（1）缓缓站起（打一南方淡水鱼名）谜底：鳗鲡

（2）跑在我前面，落在我后面（打两个鱼名）谜底：鲙（快）鱼、鳗（慢）鱼

（3）金色金刚石（打一鱼名）谜底：黄钻

（4）室内（打一鱼名）谜底：乌鳢（屋里）

（5）与兔赛跑（打一种鱼钩名称）谜底：龟型（行）

（6）土坟头（打一种鱼名）谜底：泥鳅（丘）

（7）好心的我，凶狠的我（打一种鱼名、一种水中动物）谜底：鳝鱼（善余）、鳄鱼（恶余）

（8）用手搂我（打一水产

名）谜底：鲍鱼（抱余）

（9）砸散了出售（打一鱼名）谜底：麦穗鱼（卖碎）

（10）能站起来的鱼食（打一种养鱼物品）谜底：颗粒（可立）饵料

（11）用榔头砸去（打一休闲活动）谜底：垂钓（锤掉）

（12）砸木柱（打大鱼被钩住后的一种动作）谜底：打桩

（13）天上闹着玩（打一钓具）谜底：太空豆（逗）

（14）老爹半鲁（打一鱼名）谜底：巴（爸）鱼

（15）山中有老虎，山东无太阳（打一鱼名）谜底：大王鱼（注解：山中老虎俗称"大王"，

山东简称"鲁"无日即鱼）

（16）蛮不讲理（打一鱼名）谜底：真鲷（刁）

（17）离心脱水（打一鱼具名）谜底：甩竿（干）

（18）金鲤灯笼高高挂（打一水产名）谜底：甲（假）鱼

（19）房退原主（打一水产名）谜底：乌龟（屋归）

（20）芳味犹存（打一鱼名）谜底：香鱼（余）

（21）北戴河无水（打一鱼具名）谜底：海竿（干）

（22）抵御波涛（打一云南名鱼）谜底：抗浪

（23）报帐不用正式单据（打一种鱼的俗称）谜

底：白条

（24）嘴长在脸颊上（打一鱼名）谜底：偏口

（25）彩色棍一根，传递信息灵，钓技好与差，看你懂不懂（打鱼具一种）谜底：浮漂

（26）眼睛大赛（打一鱼名）谜底：比目

（27）明日半鲁（打一鱼名）谜底：黄花鱼（注解：借用成语"明日黄花"（出自苏轼诗句"明日黄花蝶也愁"），半鲁是指鲁字的上一半，即鱼字。）

169

（28）把官吊起（打一鱼具）谜底：仕挂（商店售的一种钓线组合）

（29）黑色小偷（打一水产名）谜底：乌贼

（30）半鲁售尽（打一字，鱼名）谜底：鲩

（31）慢步行走，照本写文章（打两个钓鱼动作）谜底：遛、抄

（32）大脑袋（打一鱼名）谜底：胖头

（33）假鱼食（打一钓鱼用品）谜底：拟饵

（34）．双目失明（打一水产名）谜底：对虾（瞎）

（35）话说开国总理（打一字，钓具的一种标准）谜底：调（言周）

（36）眼似珍珠磷似金，时时动浪出还沉，河中得上龙门去，不叹江湖岁月深（打一鱼名）

谜底：鲤鱼

（37）趣迷：有一只羊在山坡吃草，一只很饿的狼从旁边经过，但是却没有吃羊，根据这一情景，猜一常见水产动物。——谜底：虾（瞎）

（38）趣迷：又一只饿狼从旁边经过，但是还是没有吃这只羊，根据此情景，再猜一常见海产动物。——谜底：对虾（瞎）

（39）趣迷：第三只狼经过，羊吓得咩咩大叫，结果狼还是没有吃这只羊。再猜一海产动物。

——谜底：龙（聋）虾（虾）

有关鱼的诗词

（1）《汉乐府·饮马长城窟》："客从远方来，遗我双鲤鱼，呼儿烹鲤鱼，中有尺素书"……

（2）《诗经·大雅·灵台》诗云："王在灵台，于轫鱼跃。"

171

（3）《左传》："春，公将如棠观鱼者……陈鱼而观之。"

（4）《汉书·地理志下》："巴蜀广汉，秦并以为郡，土地肥美，有江水沃野，山林木疏食果实之饶。民食稻鱼，亡凶年忧。"；又"楚有江汉川泽山林之饶……民食鱼稻，以渔猎山伐为业，果瓜遍

及赢蛤，食常充足。"

（5）《永州八记》（《小石潭记》）[唐]柳宗元："潭中鱼可数百头，皆若空游无所依，日光下澈，影布石上，怡然不动，俶尔远逝，往来翕忽，似与游者乐。"

（6）《渔翁》[唐]柳宗元："渔翁夜傍西岩宿，晓汲清湘燃楚

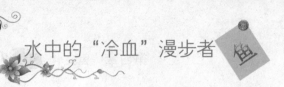

烛。烟销日出不见人，欸乃一声山水绿。回看天际下中流，岩上无心云相逐。"

（7）《山居秋暝》[唐]王维："空山新雨后，天气晚来秋，明月松间照，清泉石上流，竹喧归浣女，莲动下渔舟。随意春芳歇，王孙自可留。"

（8）《酬张少府》[唐]王维："晚年惟好静，万事不关心。自顾无长策，空知返旧林。松风吹解带，山月照弹琴。君问穷通理，渔歌入浦深。"

（9）《渔歌子》[唐]张志和："西塞山前白鹭飞，桃花流水鳜鱼肥。青箬笠，绿蓑衣，斜风细雨不须归。"

（10）《渔歌子》[唐]张志和："钓台渔父褐为裘，两两三三舴艋舟。能纵棹，惯乘流，长江白浪不曾忧。"

（11）《秋日赴阙题潼关驿楼》[晚

唐]许浑："红叶晚萧萧，长亭酒一瓢。残云归太华，疏雨过中条。树色随山迥，河声入海遥。帝乡明日到，犹自梦渔樵。"

（12）《踏莎行》[宋]秦观："雾失楼台，月迷津渡。桃源望断无寻处。可堪孤馆闭春寒，杜鹃声里斜阳暮。驿寄梅花，鱼传尺素。砌成此恨无重数。郴江幸自绕郴山，为谁流下潇湘去。"

（13）《渔父》陆游："镜湖俯仰两青天。万顷玻璃一叶船。拈棹舞，拥蓑眠，不作天仙作水仙。"

（14）《渔父》陆游："晴山滴翠水挼蓝，聚散渔舟两复三。横埭北，断桥南，侧起船篷便作帆。"

（15）《浣溪沙》[北宋]苏东坡："西塞山边白鹭飞，散花洲外片帆微，桃花流水鳜鱼肥。自庇一身青箬笠，相随到处绿蓑衣，斜风细雨不须归。"

173

（16）《行路难》[唐]李白："闲来垂钓碧溪上，忽复乘舟白日边。"

（17）《江村》[唐]杜甫：
"清江一曲抱村流，长夏江村事事幽。自去自来梁上燕，相亲相近水中鸥。老妻划纸作棋局，稚子敲针作钓钩。"

（18）《江雪》柳宗元[唐]："千山鸟飞绝，万径人踪灭。孤舟蓑笠翁，独钓寒江雪。"

174

（19）《江村即事》[唐]司空曙："罢钓归来不系船，江村月落正堪眠。纵然一夜风吹去，只在黄花浅水边。"

（20）《鹊桥仙》[南宋]陆游：
"一竿风月，一蓑烟雨，家在水钓台四。时人错把比严光，我自是无名渔父。"

（21）《道情》[清]郑板桥：
"老渔翁一钓竿，靠山崖，傍水湾，扁舟往来无牵绊。"

（22）《渔父》[唐]岑参："扁舟沧浪叟，心与沧清。"

鱼俗佳话美谈

◎ 用鲤鱼寄信

鱼，为人们所喜爱，除了它的食用价值外，还由于它是一种美好的文化象征。例如，古人寄信时常把书信结成双鲤形状寄递。对此，唐代诗人李商隐《寄令狐郎中》咏有："嵩云秦树久离居，双鲤迢迢一纸书。"相传，更早的时候，人们以绢帛写信，把它装在真鲤鱼腹内传给对方，因称"鱼笺"。汉代蔡邕作有一首乐府诗描写这样的信件："客从远方来，遗我双鲤鱼。呼儿烹鲤鱼，中

有尺素书。"因为，它又有"鱼素"的美称，并形成"鱼传尺素"的文学典故。

隋唐两代，朝廷颁发有一种信符，符由木雕或铜铸成鱼形，时称"鱼符""鱼契"；由于要把传递的信息书写在符上，故又称为"鱼书"。使用此符时，把它剖为两半，双方各执半边鱼符，以备双方符合作为凭信。宋代的时候，为

175

◎ 吃鱼的佳话

据《汉书》《晋书》等史籍记载，"奏始皇八年(公元前239年)，河鱼大上，刘向以为近鱼孽也"；"魏齐王嘉平四年(公元252年)五月，有鱼集于武库屋上，此鱼孽也"。这"鱼孽"二字的涵意包括着吉、凶正反两面。古人把鱼的某些异常现象附会若干事物，可以说给鱼凭添了一层神秘的色彩。

了显示使用者的高贵身分，有以黄金原料制作的鱼符。

历代以鱼为主题，寓意吉祥的文化活动，有鱼灯、鱼舞以及和鱼有关的诗词书画。鱼灯多见于年节灯会，它烛光闪闪，形象可爱。南朝梁元帝萧绎曾做《对灯赋》称赞它："本知龙灯应无偶，复讶鱼灯有旧名"。冠有鱼字的佛教器物名称有"鱼鼓"，俗称"木鱼"，僧侣诵经时有节奏地敲打此物。

作为食俗，把鱼尊为吉祥物的有我国东北朝鲜族同胞每到清明节食用的"明太鱼"。"明太"本是一位朝鲜老农民的名字，传说从前东北沿海地区闹过一次特大

旱灾，有位姓名叫朴明太的老农民带领乡亲们去捕捞一种海鱼，用来充饥度过荒年，鱼为黑色，一尺来长，经盐水卤过晒干可以贮存。

山东的鲁菜菜系中有一道鱼肴"鸳鸯鱼"，它由白色的桂

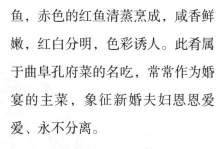

鱼，赤色的红鱼清蒸烹成，咸香鲜嫩，红白分明，色彩诱人。此肴属于曲阜孔府菜的名吃，常常作为婚宴的主菜，象征新婚夫妇恩恩爱爱、永不分离。

177

我国南方的鱼俗佳话也多。江苏苏州刺绣"苏绣"流行一幅鱼的图案《鱼戏莲》，妇女为丈夫或情人刺绣的兜肚，最爱采用这幅吉祥画。苏北地区的农村人家，每到农历除夕在秤钩上挂一条鱼，当地方言"秤""剩""鱼""余"谐音；"秤(剩)有鱼(余)，年有鱼"，也就成了人们的一句口彩。

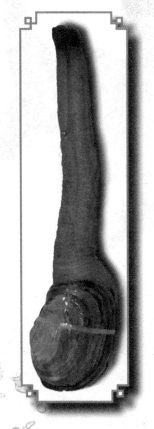

◎ 鱼 符

唐代，唐高祖为避其祖李虎的名讳，废止虎符，改用黄铜做鱼形兵符，称为"鱼符"。《朝野佥载》："逆韦诗什并上官昭容所制。昭容，上官仪孙女，博涉经史，研精文笔，班婕妤、左嫔无以加。……汉发兵用铜虎符。及唐初，为银兔符，以兔子为符瑞故也。又以鲤鱼为符瑞，遂为铜鱼符以佩之。至伪周，武姓也，玄武，龟也…"武则天当朝后改为"龟符"，中宗年间又恢复为鱼符。鱼符也分左右两半，中缝处刻有"合同"两字，分开后，每半边符上只有半边字，合在一起才见完整的"合同"两字，所以又称此符为"合同"。后代签约，一式两份，中缝盖章，双方各持一份凭据。这种凭证统称为"合同"。"合同"一词由此而来。

唐代的鱼符、龟符除了征调军队时做为一种凭证外，也是官员出入宫门身份的标志，据《新唐书·车服志》载，唐初，内外官五品以上，皆佩鱼符、鱼袋，以"明贵贱，应召命"。

鱼符以不同的材质制成，"亲王以金，庶官以铜，皆题其位、姓名。"装鱼符的鱼袋也是"三品以上饰以金，五品以上饰以银"。武后天授元年改内外官所佩鱼符为龟符，鱼袋为龟袋。并规定三品以上龟袋用金

178

浙东一带有一些和鱼有关的婚俗，新媳妇下花轿时，随手把些铜钱撒在地上。铜钱俗称铜子，新媳妇撒它唤作"鲤鱼撒子"，说是鲤鱼产的卵子多，意味着繁殖能力强，"子孙满堂"。

此外，明、清以来盛行的《八宝图》，八宝之一的"玉鱼"因为谐音的缘故被人宣扬为"吉庆有鱼(余)"，

179

饰，四品用银饰，五品用铜饰。

◎ 生活多鱼趣

在上海、浙江宁波等地，农历年初有接财神的习俗。前者，把活鲤鱼穿丝绳，贴红纸作为祭品，号称"元宝鱼"。后者以锡盘供上两条黄鱼，象征金子，因为旧时当地人称金条为"大黄鱼""小黄鱼"；有的地方还把供后的活鲤鱼拿到江、河放生，寓意"生意兴隆通四海，财源茂盛达三江"。

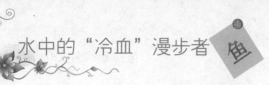

180

象征着年景好、丰稔昌盛。这类古文物，有汉代的铜洗，它的底部绘有双鱼，侧面题有"大吉羊"字样。古代的织锦图案，有一种装饰的是美丽的鱼鳞花纹，人称"鱼鳞锦"。

人们喜闻乐见的鱼物图，类似鱼字口彩的还有："金玉同贺"，画的是金鱼、荷花；"家家得利"，绘有许多人家买鲤鱼；"年年有余"，则用爆竹和鱼表现；"连年大吉"，有鲢鱼、桔子……总之，人们丰富多彩的生活充满了鱼趣，鱼给千家万户带来了吉祥美好的祝愿。

【知识百花园】

"吉庆有余"

　　传统吉祥纹样。寓意祥瑞。纹饰以一儿童执戟,上挂有鱼,另手携玉磬组成。"戟磬"谐音"吉庆","鱼"与"余"同音;"戟"、"磬","鱼"隐喻"吉庆有余"。亦有的在类如"八"字的磬形中,作双鱼纹,取"磬"与"庆"、"鱼"与"鱼"同意的寓意。清代刺绣、织锦、砖刻、木雕上常见应用。

　　"鱼"与"余"、"荷"与"合"同音。比喻生活富裕,到年节之时,家境殷实。这表达了古代人们追求年年幸福富裕生活的良好愿望。

　　在中国无论城乡,把这愿望形之于图画的习惯,至今未颓。过新年的时候,家家挂一张儿童抱鲤鱼的年画,既表达欢庆之情,又图来年吉利。

家庭养鱼小技巧

金鱼具有"水中花"的美称，拥有一缸赏心悦目的金鱼，是广大鱼友梦寐以求的。中国是金鱼的故乡，在大中城市的观赏鱼市场之中都能看到金鱼的踪影。金鱼的祖先是鲫鱼，经过千百年来的人工选育逐步产生变异，目前主要分类包括：龙种鱼，以龙睛、蝶尾为代表；文种鱼，以狮头、珍珠、帽子为代表；蛋种鱼，以水泡、虎头、望天为代表。近20年来，在广大养殖户和爱好者的共同努力下，中国金鱼不断涌现出一些新的品种，如：福州兰寿、红头虎头、皇冠珍

184

珠等等，作为金鱼爱好者，可以从以下五个方面进行金鱼的选择。

（1）选择时机

金鱼不同于热带鱼，在鱼场中普遍养殖在室外，经过千百年的繁育，已经建立自身的生物钟，根据地域不同，每年春季2～6月产卵。一般在9～11月为当年金鱼上市的最佳时期，这一时期的金鱼已有3～6月龄，已经可以突现部分品种特征，且褪色已经完成，具有初步的观赏特征。在7～8月间可以在市场上看到鱼场淘汰下来的2～4年的种鱼和隔年的金鱼，在其中也不乏精品。不过由于气温较高，不利于金鱼的长距离运输，因此供应量较少。

（2）选择品种

根据个人喜好不同，可以在现有数十个品种中任意挑选。但最好能够在选择前了解各个品种的差异，这样有益于养好金鱼。例如：皮球珍珠由于变异太大、肠道短、

游动笨拙，对环境要求严格的多，需要在水清、浅水中饲养，饲料要求精良且便于入口。水泡金鱼不适合与其他金鱼混养，在没有任何饰物的裸缸中饲养，以免造成水泡破损。对于初学养金鱼的朋友可以先从饲养容易、价格便宜的金鱼养起。如：文金（琉金）、龙睛等。

（3）选择良品

尽管中国金鱼已经过千百年的选育，但对于一个物种而言还是太短。因此许多金鱼品种还不是很稳定，个别新型品种的良品率在万分之几。一条金鱼在家中养数月乃至数年之久，选择一条良品金鱼，可以得到更多美的享受。总的原则

要选品种特征明显、游动自如、体形匀称、没有残疾的金鱼。

不仅如此，良品金鱼还要各鳍完整、蛋种鱼背部光滑、觅食踊跃、游动自如。选择良品如同石中选玉，这也是选鱼的乐趣所在。

（4）选择鱼龄

家养金鱼的寿命大多在4～6年，2～3年是最佳观赏鱼龄，此阶段金鱼品种特征明显、身体强健、游动自如。4～6年就属于老龄金鱼，体色退去、懒于游动、食欲减弱、极易生病。而6个月以内的金鱼由于身体发育刚开始，品种特征不明显，颜色没有定型。不良品比率很高，而且限于家庭养殖条件，不易养大。因此选择6～18月龄的金鱼最为合适。这一阶段金鱼，食欲旺盛、游动自如、品种特征初步显现，而且价格合理，可以在家中

连续饲养2年左右。

（5）选择色彩

金鱼的色彩十分丰富，红色、黑色、蓝色、紫色、青铜、白色、五花等等，以及2种或多种颜色之间还可以搭配产生出更多组合和奇趣图案。如：三色、喜鹊花、玉印头、鹤顶红等等。家庭中可以根据个人喜好和饲养环境进行选择。金鱼在幼鱼期颜色都为灰色，也是一种生物保护色。通常会在6月龄内脱色。在2龄以前比较容易产生一些过度色及图案。白色和红色是最为稳定的颜色。